[英] 迈克尔 · 希特利 [英] 科林 · 索尔特 著 白云云 译

后浪

关于发明的一切

北京联合出版公司
Beijing United Publishing Co.,Ltd.

"怀疑是发明之父。"

伽利略（1564—1642）

目　录

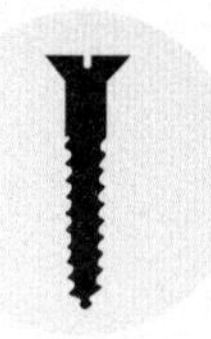

第三章　从螺丝车床到电报

第四章　从邮票到麦克风

第五章　从留声机到飞机

第六章　从直升机到特氟隆

第七章　从复印机到激光

第八章　从载人航天飞机到iPad

导 读

“需求是发明之母”是谁提出的，现在已经无从考证。有说是公元前400年左右的希腊哲学家柏拉图提出的，也有说是17世纪的英国人理查德·弗兰克提出的。但不管是谁提出的，对于更强、更快、更高效的向往一直激发着人类的创造天赋。就像蒸汽机取代了水车，却没能躲过被内燃机淘汰的命运。

尽管我们倾向于将发明描述为“灵感闪现”的瞬间，但事实上，大多数突破性的发明都经历过多次试验和失败。在灵感和成功之间，往往有一条很长的失败之路。就像托马斯·爱迪生所说，天才是百分之一的灵感加百分之九十九的汗水。

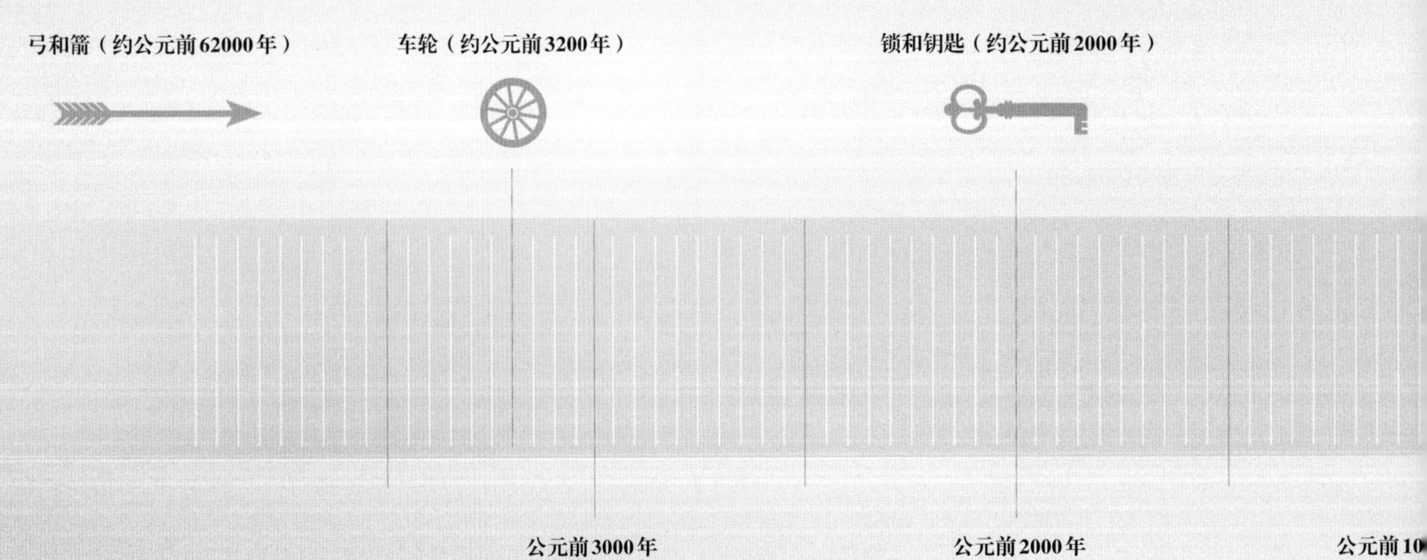

当你在书中看到这个符号时，说明那项发明在技术上有了质的飞跃。

故事并未就此结束。新的发明改变了原有的规则，提供了新的可能性，也展示出一个新的领域等着我们去跨越和征服。正如艾萨克·牛顿所说："如果说我看得比别人更远，那仅仅是因为我站在了巨人的肩膀上。"前人留下的卓越技术和应用为新的发明提供了基础，而新的发明也为技术的进一步发展搭建了新的平台。比如，电报的发明有赖于早期的电磁铁和继电器，而电报的出现又加快了电话问世的步伐，并且在一定程度上推动了晶体管的诞生。

现在你有机会在别人的发明基础上再接再厉。在这本书里，你能了解到65 000年来那些改变了我们生活的发明，读到关于这些发明背后的故事。你将站在巨人的肩膀上，把自己交付于想象，看它会把你带向何方。

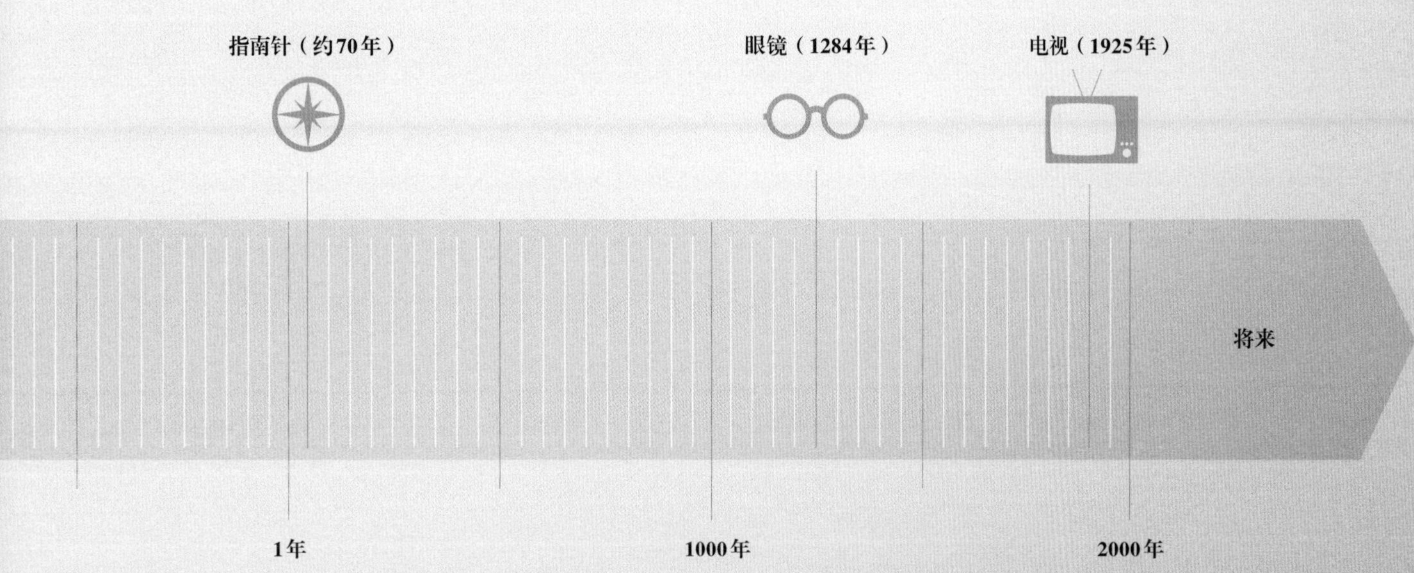

第一章

从弓箭到纸张

（约公元前62000—105年）

1.1 弓和箭（约公元前62000年）

石器时代的人类（非洲）

弓和箭作为人类第一代机械武器的代表，是军备竞赛的第一次升级，它们的出现使得人们在面对猎物和敌人时，不再仅仅靠投掷石块和长矛。

历经上千年的发展，机械武器在精度、射程和装填速度方面都有了显著的提升，但它们的基本原理在64 000年来几乎未曾改变。水下矛枪作为弓箭的新化身，采用了与之几乎完全相同的原理：用结实的橡皮筋发射短矛。

延伸阅读

1991年，人们在奥地利的冰川中发现了一具距今约5300年的冰封干尸——奥茨。被发现时，他的身边有一支长1.8米的紫杉长弓和一个装有14支箭的箭袋，其中一些箭的尖端由燧石制成，尾部有羽毛做的稳定器。这个人生前是猎人、战士，还是弓箭工匠呢？他的身份我们已无从考证，但可以看出，他死时并不平静：他的头和手都受伤了，一支箭插在了他的肩膀上。

约公元前62000年 已知最早的骨质箭头发现于南非的一个中石器时代的洞穴中。随后出现的以石头、青铜和铁为材质的箭头反映了人类的技术进步。

约公元前1300年 由木头、牛（羊）角和皮筋制成的复合弓取代了简单的木制弓臂，拉伸强度的提升使弓箭的射程更远，精度更高。

约公元前500年 在希腊和中国发现了历史上最早的弩。虽然弩的装填速度比长弓要慢，但弩的威力更大，精度更高。

公元前400年 叙拉古的狄奥尼修斯发明了一种大型的十字弓式攻城武器——抛石机，后来这种武器被古希腊和罗马军队广泛使用。

1337—1453年 在克雷西（1346年）、普瓦捷（1356年）和阿金库尔（1415年）战役中，英国弓箭手对木弓的熟练运用对取得战役胜利起到了决定性作用。

1870年 挪威人斯维德·福因为配有爆炸装置的鱼叉式捕鲸炮申请了专利，这极大地推动了现代捕鲸业的发展。

1.2 谷物研磨机（约公元前9500年）

从事游耕农业的农民（叙利亚）

谷物研磨机是“需求是发明之母”的完美例证。谷物要磨碎才能食用，手工研磨是一项非常繁重的劳动，所以发明家们一直在寻求利用现有的能源来完成这项工作。直到需要大规模生产的时代，石磨才被取代——工业革命带来新增城市人口，对面粉的需求量远超小型磨坊的产能。

自19世纪以后，蒸汽和电力取代了风力和水力，成为了磨坊（mill）里的机械的动力来源。Mill这个词后来也被用来指代任何进行工业生产的建筑。最初利用水力和风力来研磨谷物的技术后来被应用到其他许多机械中，如风力发电机和水轮机组。

约公元前9500年

谷物研磨最早出现在叙利亚。人们将一块石头放置到另一块石头上，以畜力或人力机械地来回研磨，或者用旋转式磨盘转圈研磨。

延伸阅读

从6世纪开始，有一些水车是利用潮汐而不是水流的动力来推动的。涌入的海水被大坝拦住，在潮水退去后再将其从大坝放出来，推动水车。在爱尔兰、法国等一些地方，潮汐磨坊被保留了下来，成为最好的例证。在内陆国家，比如塞尔维亚，水磨机被安置在浮动平台或船上，停在水流最急的地方，充分利用河流水位的变化来运转。

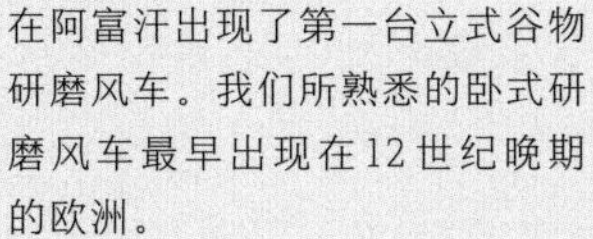

约850年

在阿富汗出现了第一台立式谷物研磨风车。我们所熟悉的卧式研磨风车最早出现在12世纪晚期的欧洲。

约1860年

更快捷、更高效的钢辊的引入改变了面粉工业。长达上万年都未曾发生改变的石磨，在短短几十年内便被淘汰了。

约公元前300年

在希腊出现了最早的卧式水车，随后又出现了立式齿轮水车，这种新型水车能够提供更大的力量，带动更大的石磨。

1.3 犁（约公元前6000年）

第一批农民（美索不达米亚）

人类对环境的控制始于农耕。当发现开垦土地可以提高生产力时，人类就致力于发明各种新方法来使这个过程更容易、更高效。犁耕技术的每一次进步都提高了作物的产量，保障了人口的增长。但过度开垦也是造成20世纪30年代美国沙尘暴灾害的原因之一。犁耕技术也被应用于其他方面，如积雪清理和管道埋设。

约公元前6000年

耙子犁

生活于美索不达米亚的部落成员通过驯养的牛来牵引耙子犁，这种耙子犁是他们用来翻地的一种锄头。

延伸阅读

铧式犁的出现，使犁出来的犁沟又长又直，田地一改原来的正方形，变成了长条形。这种耕地的长度约为200米，这个距离被称作一个"沟长"，后来衍生出一个表示这个长度的单词——弗隆（furlong）。

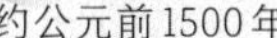

约公元前1500年

弯犁

古希腊人使用的是一种简易的木刃铧式犁，木刃向前弯曲，便于犁地更深，这种犁起初由铜制成，后来由铁制成。

约公元前1000年

铧式犁

具有弧度的犁壁代替了弯刃，从而能够将深层的土壤翻耕到上层，而不只是将泥土推到一边。这既保持了土壤的肥沃，形成的犁沟也有助于排水。

1730年

罗瑟勒姆犁

罗瑟勒姆市的约瑟夫·福拉姆贝发明了一种流线型的全金属铧式犁。它轻巧、灵活，易于操作。

1784年

苏格兰犁

英国达尔基斯市的詹姆斯·斯莫尔运用几何学知识设计了一种廉价、高效的一体式铸铁铧式犁。为了使其得到广泛应用，他没有申请专利。

1920年

雪犁

纽约市的卡尔·弗林克制造了第一台前悬挂式雪犁。在此之前，清扫积雪主要依靠马匹拖曳三角形木板。

1.4 染料（约公元前6000年）

发明者不详（土耳其）

已知最古老的染料来自约公元前6000年的安纳托利亚（今土耳其），取自红色和黄色的赭石矿物质。利用有机材料给布料上色的方法，从世界各地传入欧洲。1856年，英国化学家威廉·珀金发明了第一种合成染料——苯胺紫，从此开启了多彩世界的大门。到了20世纪，人造织物诞生，需要更多新的方法来给布料上色。

延伸阅读

第一种合成染料是在测试合成奎宁（治疗疟疾的一种药物）的过程中发明的。

颜色	
紫色	
深蓝	
靛蓝	
绿色	
黄色	
红色	
黑色	

	在公元前1800年左右的米诺斯文明中，人们首次发现了从骨螺中提取的染料——紫色。到公元400年，由于骨螺稀少珍贵，在拜占庭，紫色一直是皇帝及其直系亲属的专属颜色。	1	
	印度最早生产出了深蓝色染料，并以当地的一种植物命名。这种染料在公元前1000年左右出口到地中海。	2	
	在新石器时代，菘蓝属植物被认为是蓝色染料的来源。埃及木乃伊就是被包裹在这种颜色的染布中。传说苏格兰战士皮克特人为了威吓罗马人，就把自己的身体涂成靛蓝色。	3	
	在植物染料中绿色非常罕见。在中世纪时期英格兰东部的林肯市，绿色是由靛蓝和黄色染料混合而成的。18世纪，明亮的撒克逊绿色由黄颜木和槐蓝属的植物提取的染料混合而成。	4	
	自铁器时代起，人们从黄木犀草中提取黄色，后来又从藏红花中提取这种颜色。从18世纪开始，人们从美洲黑栎和黄颜木提取了更明亮的黄色。	5	
	从大约公元前2600年开始，印度茜草植物就成了红色染料的来源。15世纪，中美洲的玛雅人从西班牙人带到欧洲的胭脂虫中提取出了深红色。	6	
	16世纪，西班牙征服了南美洲，并把洋苏木带回了欧洲，利用硫酸亚铁，人们可以将从洋苏木中提取的蓝色转变为黑色。	7	

1.5 秤（约公元前5000年）

发明者不详（埃及）

测量重量的方式有两种：相对的和绝对的。前者只需要通过平衡秤比较两种或两种以上物品的相对重量，而后者则需要采用一套被普遍接受的衡量标准。

最初的和使用时间最长的重量表达方式都源于自然物。为了给体积小的物质精确称重，谷物和植物种子被利用起来。一粒小麦的重量成为了重量的标尺，而芥菜籽作为标尺在印度被用来称黄金。当下用来表示黄金和钻石重量的单位“克拉”，曾是以角豆树的种子重量为称重标准的，尽管现在它已经成为了一种计量单位。在古埃及，砝码是用青铜铸成的，常常被锻造成动物的形状，例如牛就代表了一个重量单位。

最早的秤是在埃及人的坟墓里发现的。它是杠杆秤的前身，在枢轴上有一根横杆，两端装有两个贝壳状的托盘。

约公元前5000年

公元前2400年

延伸阅读

罗马人创造了重量单位“磅”。“磅”源于罗马词汇“libra”，这就是为什么“磅”的缩写为“lb”。它也解释了为什么天秤星座（Libra）的标志是一架等臂天平。

第一套与平衡秤配套使用的砝码是在巴基斯坦的印度河流域发现的。

Bismar，是平衡秤之外第一个有记录的称重装置。它的整体装置是一根木棍，木棍的一端固定有重物，另一端固定有能够称量货物的挂钩。

公元前400年

1763年

德国著名牧师、钟表匠菲利普·马特斯·哈恩研制出了可以直接读取重量的秤。

1840年

英国发明家R. W. 温菲尔德发明了用来称量信件和包裹的弹簧秤。

1939年

两位美国工程师在做电阻实验时发明了当下最常用的称量装置——数字秤。

1.6 车轮（约公元前3200年）

发明者不详（美索不达米亚）

如果没有车轮，在今天可能什么物体都无法移动。但是，车轮的发明者至今不得而知。

人类最初是利用原木来移动诸如雪橇一类的重物，后来车轮在此基础上发明了出来。移动雪橇的原木上布有凹槽，这些凹槽能够提升原木的运作效率。后来，原木两端之间的部分被削薄削细，这样就制成了一个完整的轴加两个轮子。在造车的时候，销钉可以用来固定车轴。后来，销钉被在造车时提前挖好的孔洞替代，于是车轴和轮子就可以分开制造，然后再组装到一起。最后，车轴被安装到车架上，以获得更好的操控性，只留下车轮可以转动。后来，发动机动力取代了人力和畜力，车轮和车轴的组合才有了颠覆性的发展。

约公元前3200年
在美索不达米亚南部出土的乌尔王军旗上绘有当时的战车，向我们展示了车轮在运输上的用途。

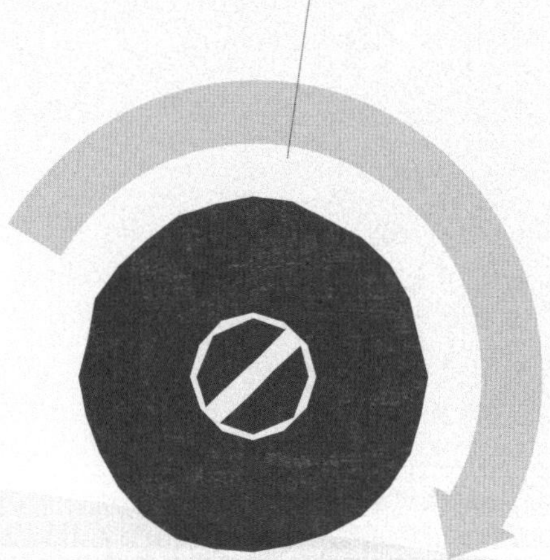

延伸阅读

最早的车轮是陶轮，它出现在公元前3500年左右美索不达米亚的乌尔城。车轮在被应用于交通运输之前，先是被用在了手工业和制造业。

公元前2000年
已知最早配有轮辐的车轮出现在青铜器时代的西伯利亚，那个时代此地形成了以村落为基础的安德罗诺沃文化。

1237年
在巴格达出现了第一张清晰的纺车插图。

1800年
在北欧，当工业革命兴起时，车轮成为了技术发展的核心部件。

1888年
苏格兰人约翰·邓禄普发明的充气轮胎代替了铁制和钢制轮辋，赋予了车轮新的生命，使车轮参与到了更多与运输相关的新应用上。

车轮设计得越来越复杂，运转速度也越来越快。

1997年，英国皇家空军飞行员安迪·格林驾驶“超音速推进号”（Thrust SSC）汽车创造了1228千米/时的陆地极速纪录。而活塞式发动机汽车的极速纪录为669千米/时，由美国人汤姆·伯克兰驾驶他的“伯克兰”流线型赛车在2008年创造。

1.7 算盘（约公元前600年）

发明者不详（中国）

算盘是一种计数工具，由上下两组平行分布的算珠组成。第一组每根竖梁上有5颗珠子，可以从1数到5，第二组每根竖梁上有2颗珠子，分别代表数字5和10。算珠可沿竖梁上下拨动。当你将算珠移动至横梁，运算开始，当你将竖梁上的所有算珠拨动到远离横梁的位置时，运算结束。

延伸阅读

因为人类最初是用手指来计数的，所以算盘的运算基数是5。双手计数促进了十进制的产生。

公元前600年

1642年

1820年

1888年

中国算盘——算盘的前身，是用硬木珠子做的，放在一个计数盘上。

袖珍计算器—1967年

袖珍计算器是美国得克萨斯仪器公司的物理学家和电气工程师杰克·基尔比利用集成电路技术发明的。这种计算器很快就出现在了行政人员的公文包里，后来又出现在了学校的教室中。

法国数学家布莱士·帕斯卡发明了一种可以直接进行加减运算以及通过循环往复来进行乘除运算的计算器。

法国的托马斯·德·科尔发明的四则运算器也被称为托马斯计算器。它通过单向转动的滚筒可以完成四则运算，其中进行除法和减法运算时需要再添加一个杠杆。

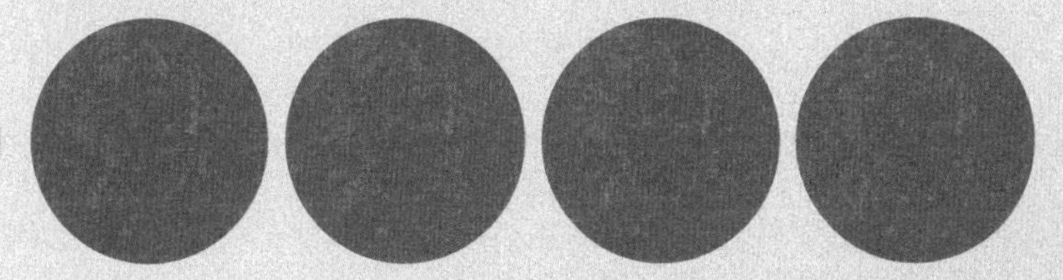

美国发明家威廉·西沃德·巴勒斯发明了一个具有全键盘和打印功能的加法计算器，并获得了专利。第一代设备只能打印总数，被授予专利时，该设备已经可以打印单个条目。

1.8 玻璃（约公元前2500年）

发明者不详（美索不达米亚）

第一块玻璃是在金属加工过程中偶然产生的副产品——沙子、苏打水和石灰在高温作用下，产生一种宝石般的半透明物质。玻璃吹制技术在2000多年来几乎没有什么变化，玻璃一直被用来制作昂贵而精致的艺术品。

在工业革命的浪潮下，随着生产规模扩大和科技进步，现代玻璃生产过程中对光、热、强度和延展性等方面都有了更精准的控制。

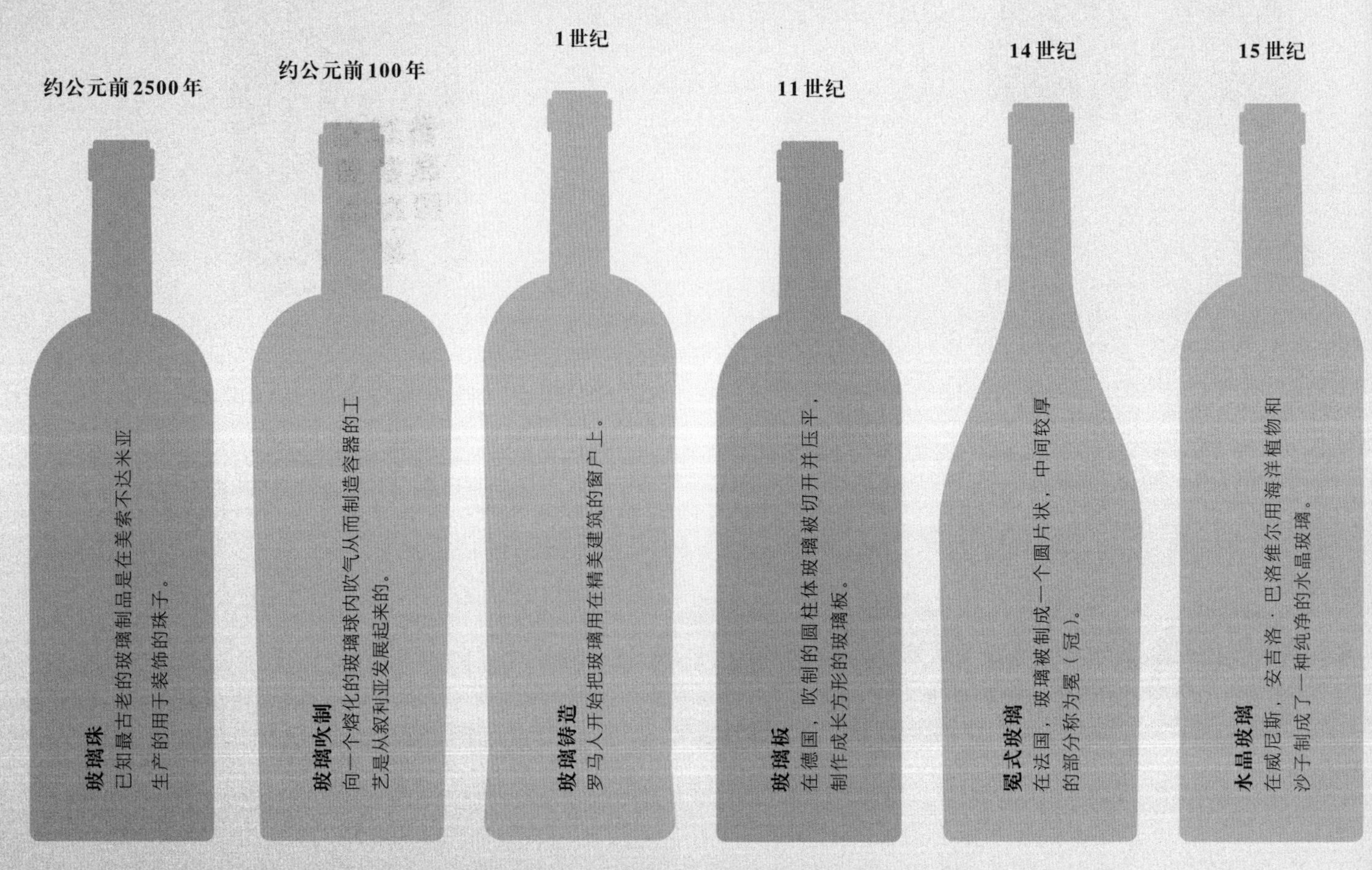

约公元前2500年
玻璃珠
已知最古老的玻璃制品是在美索不达米亚生产的用于装饰的珠子。
约公元前100年
玻璃吹制
向一个熔化的玻璃球内吹气从而制造容器的工艺是从叙利亚发展起来的。
1世纪
玻璃铸造
罗马人开始把玻璃用在精美建筑的窗户上。
11世纪
玻璃板
在德国，吹制的圆柱体玻璃被切开并压平，制作成长方形的玻璃板。
14世纪
冕式玻璃
在法国，玻璃被制成一个圆片状，中间较厚的部分称为冕（冠）。
15世纪
水晶玻璃
在威尼斯，安吉洛·巴洛维尔用海洋植物和沙子制成了一种纯净的水晶玻璃。

延伸阅读

由于工业间谍众多，整个中世纪，玻璃的生产方法受到严密的保护。威尼斯禁止外国玻璃制造商进入其工厂，而威尼斯本国的工匠如果泄露了机密，则会面临死亡威胁。

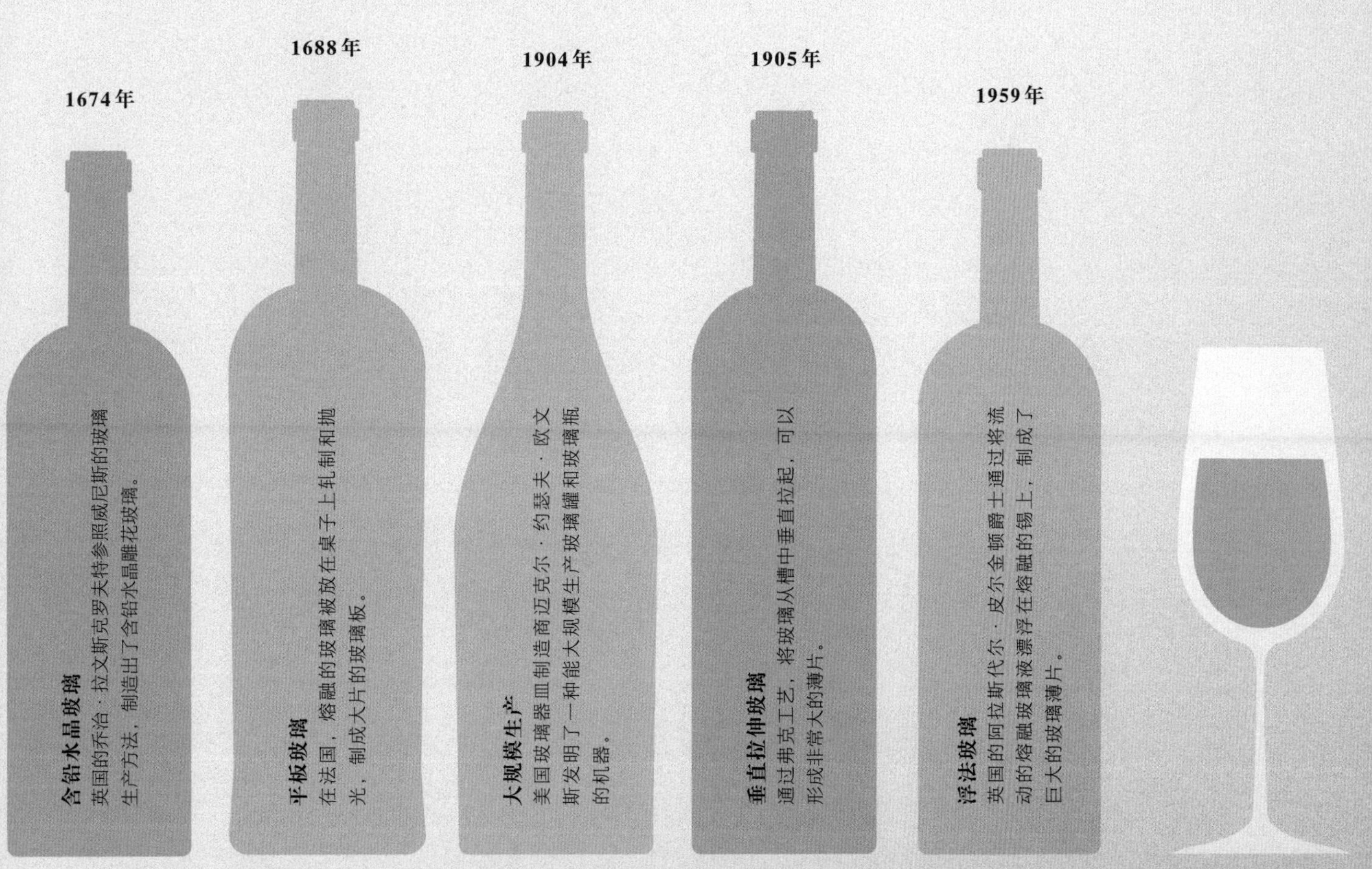

1674年
含铅水晶玻璃
英国的乔治·拉文斯克罗夫特参照威尼斯的玻璃生产方法，制造出了含铅水晶雕花玻璃。
1688年
平板玻璃
在法国，熔融的玻璃被放在桌子上轧制和抛光，制成大片的玻璃板。
1904年
大规模生产
美国玻璃器皿制造商迈克尔·约瑟夫·欧文斯发明了一种能大规模生产玻璃罐和玻璃瓶的机器。
1905年
垂直拉伸玻璃
通过弗克工艺，将玻璃从槽中垂直拉起，可以形成非常大的薄片。
1959年
浮法玻璃
英国的阿拉斯代尔·皮尔金顿爵士通过将流动的熔融玻璃液漂浮在熔融的锡上，制成了巨大的玻璃薄片。

1.9 炼铁（约公元前2000年）

铁器时代人（西南亚）

从钟到大炮，从箭尖到太空火箭，自从人类第一次在陨石中发现铁，我们就用它来制造各种东西。铁是地球上最常见的元素，几乎在我们发明的每一种产品和工艺中都能找到它的身影。我们的发明创造力不仅体现在制造的产品上，还广泛体现在我们探寻萃取原材料的方法上。钢铁生产的每一次发展都代表着一次新的工业革命。

延伸阅读

铁中不同的碳元素含量使其产生不同的性状。纯铁不含有碳元素，在使用过程中往往会出现硬度不够的问题；常用的熟铁含0.02%～0.08%的碳；柔韧耐用的钢含0.2%～1.5%的碳；硬而脆的铸铁的碳含量为3%～4.5%。

关于钢铁的一些小知识

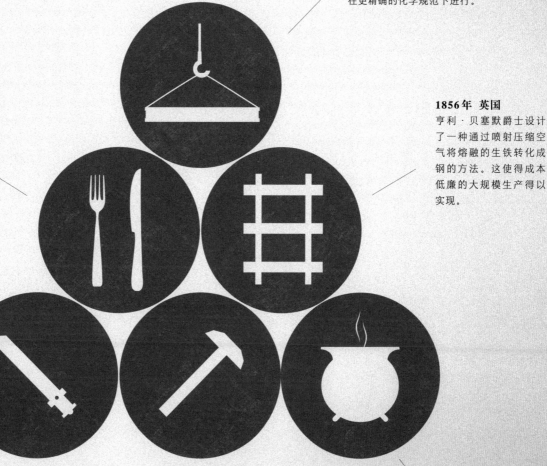

19世纪60年代　德国
卡尔·西门子发明了平炉炼钢法：通过回收炙热的废气使温度升高，使规模化的钢铁生产在更精确的化学规范下进行。

18世纪40年代　英国
谢菲尔德的本杰明·亨茨曼发明了一种革命性的工艺——坩埚炼钢法。这种加工方法生产出的优质钢铁能像铸铁一样被模压成型。

1856年　英国
亨利·贝塞默爵士设计了一种通过喷射压缩空气将熔融的生铁转化成钢的方法。这使得成本低廉的大规模生产得以实现。

约公元前2000年　美索不达米亚
土耳其东部的赫梯人用炭火加热铁矿石，将其锤成“熟铁”。

约1150年　北欧
利用高炉，有充足的空气参与到燃烧过程，从而提高了冶炼温度。在高温下，铁能够吸收更多的碳并熔化浇铸成模具或铸件。

1709年　英国
来自科尔布鲁克代尔村的亚伯拉罕·达比在高炉中用焦炭代替木炭，一举降低了铸铁的成本，开启了工业革命。

1.10 锁和钥匙（约公元前2000年）

发明者不详（亚述）

固定在门柱上的木锁装有可移动的锁簧，它可通过重力下降到横梁或螺栓中的开口，从而锁住门。这种木锁能用一把木制钥匙打开，木钥匙上带有钉子或尖头，这使得制栓器的数量增加，从而能有效地解开锁簧，将其拉回来。这种锁具是今天的销簧锁的原型。

延伸阅读

在过去的450年里，在伦敦塔一直保留着钥匙仪式。每天晚上，警卫长都会锁上塔门，拿着钥匙接受哨兵的查问。他会高声宣称自己持有伊丽莎白女王的钥匙，之后哨兵会准予其通行。

1857年

美国人詹姆斯·萨金特发明了世界上第一把密码锁，并被美国财政部采用。1873年，萨金特为一种至今仍在银行金库中使用的定时锁申请了专利。

1848年

美国发明家莱纳斯·耶鲁发明了销簧锁。他的儿子在其基础上发明了扁平式的钥匙，这为现代的锁具奠定了基础。

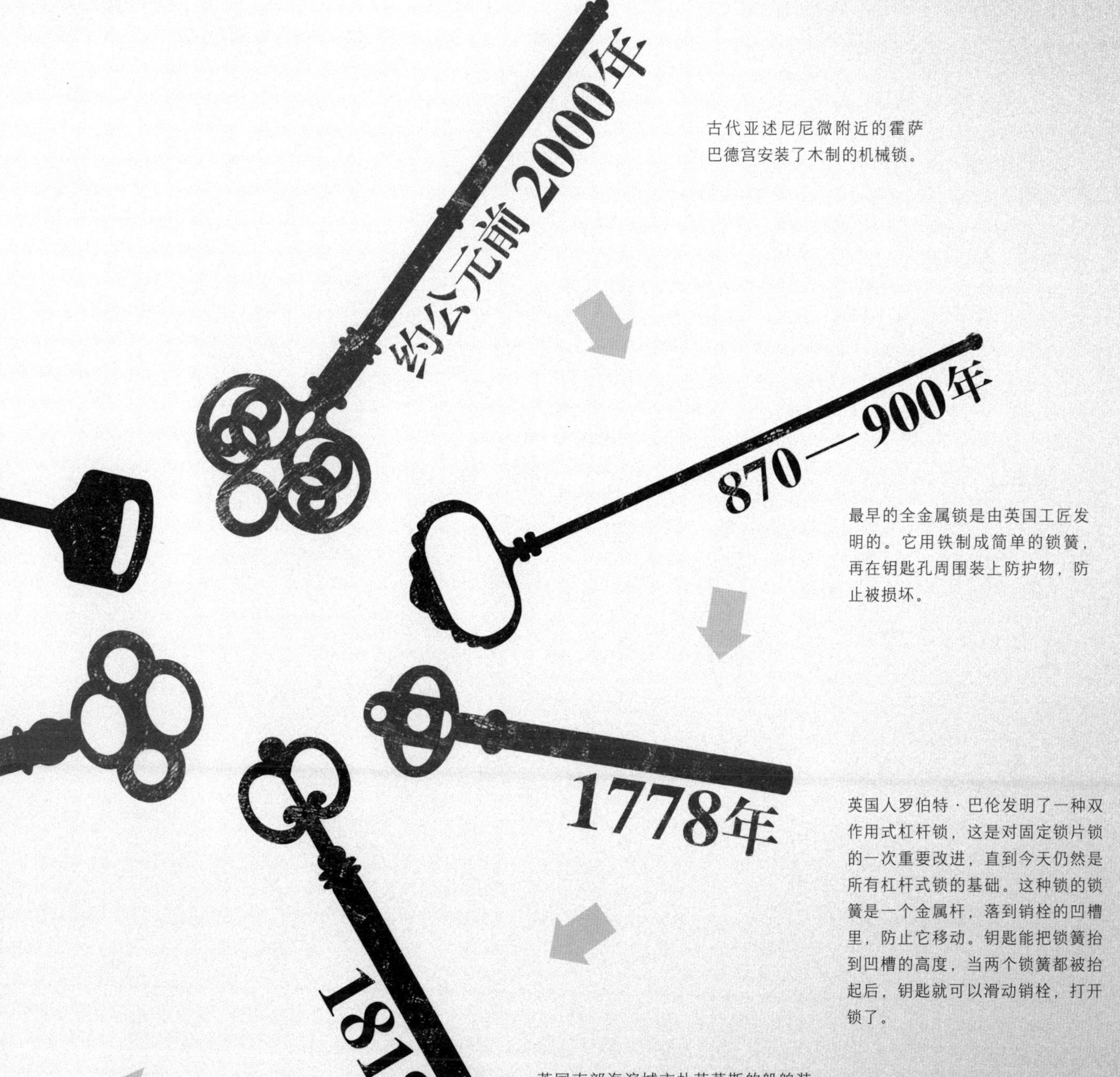

约公元前2000年

古代亚述尼尼微附近的霍萨巴德宫安装了木制的机械锁。

870—900年

最早的全金属锁是由英国工匠发明的。它用铁制成简单的锁簧，再在钥匙孔周围装上防护物，防止被损坏。

1778年

英国人罗伯特·巴伦发明了一种双作用式杠杆锁，这是对固定锁片锁的一次重要改进，直到今天仍然是所有杠杆式锁的基础。这种锁的锁簧是一个金属杆，落到销栓的凹槽里，防止它移动。钥匙能把锁簧抬到凹槽的高度，当两个锁簧都被抬起后，钥匙就可以滑动销栓，打开锁了。

1818年

英国南部海滨城市朴茨茅斯的船舶装备商兼五金商耶利米·丘伯发明了一种四杆式杠杆锁。

1.11 指南针（约70年）

源自风水师，具体发明者不详（中国）

在指南针发明之前，想要认清方向全要依靠经验、路标和星星。所以当你身处陌生的国度或未知的海域，或者遇上一个多云的夜晚时，你就很容易迷路。指南针为海上和陆地上的探险家提供了便利。它消除了方向上的不确定性，使长途旅行更加方便，这对于进出口贸易非常有利。

约70年

中国人将磁石的定向特性（用于建筑规划）推广到了全世界。第一种指南针是一个可以转动的勺子状磁石（即司南）。到了11世纪，中国的海员通过将磁针放在盛满水的碗里来辨别方向。西方的水手在此后不到150年的时间里也用上了类似的装置。

延伸阅读

穆斯林会随身携带指南针，因为他们无论身在何处，都要面朝麦加的方向进行祈祷。

1908年

美国企业家埃尔默·斯佩里发明了陀螺罗盘，这是一种陀螺仪，它不受磁干扰，指示的是正北，而不是磁北极。它被广泛采用，特别是在大型船舶上，一直都是导航设备的标配，直到20世纪90年代中期全球定位系统引入，它才退出历史舞台。

约1300年

到1300年的时候，西方的海员开始用一种旱针盘——保持平衡的指针安装在销子上，密封在玻璃盒内。后来人们又给罗盘添加了一个万向节，使罗盘可以在波涛汹涌的海面上保持水平，这种万向节是一个可以绕着枢轴旋转的支撑物，它允许一个物体绕着轴旋转。1690年，英国天文学家埃德蒙·哈雷爵士发明了一种液体罗盘，它的指针是在油或酒精中旋转，而不是在空气中。液体起到了减震器的作用，使得指针的指向数据更容易读取。

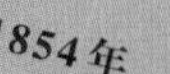

1854年

利物浦的海军工程师约翰·格雷在船用罗盘的密封壳内加入了调节磁铁，以防止铁船船体的干扰。1860年美国海军对其做了改进，但直到1908年这种改进的装置才被英国海军采用。1909年，人们在飞机上也安装了液体罗盘，当然也需类似的校正。

1.12 纸张（105年）

蔡伦（中国）

paper（纸）这个词来源于papyrus（纸莎草），纸莎草是在古代埃及沿尼罗河下游的一种植物，为埃及人提供了书写原材料。大约3000年后，一位名叫蔡伦的中国人将竹子的纤维和桑树皮放在水中浸泡后得到了一种混合物，这种混合物在一块平整的布上晾干后便形成了一种可供书写的纸。这种造纸技术最早在中国应用，后来传播到世界各地。

105年 中国的蔡伦将竹子纤维和桑树皮浸泡在一起，化浆晾晒，制出了第一张纸。

延伸阅读

在欧洲，人们针对纸张的型号建立了一个通用的高宽比例标准。在这种标准下，最大的纸张是A0。两张A1的纸垂直并排放置，大小正好和一张A0规格的纸相同。

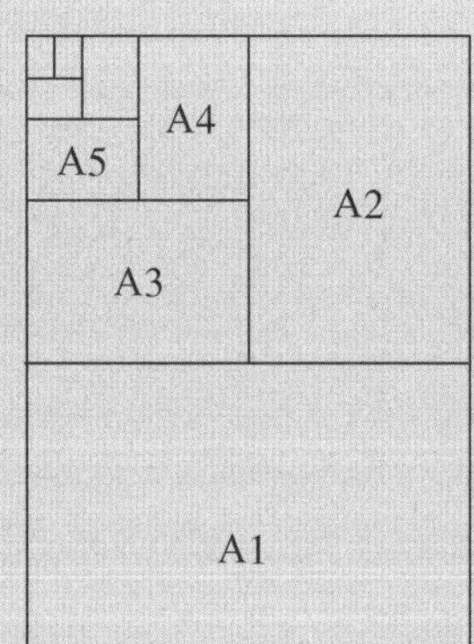

以此类推，两张A2的纸正好与一张A1的纸大小相同。办公室和家里常用的纸的尺寸分别是A4和A3，两张A4纸刚好是一张A3纸的大小。

约900年 阿拉伯人用亚麻纤维代替木材和竹子，制造出品相更好的纸。

约1100年 造纸术传到欧洲，人们成立了水力造纸厂，开启了造纸业的机械化时代。

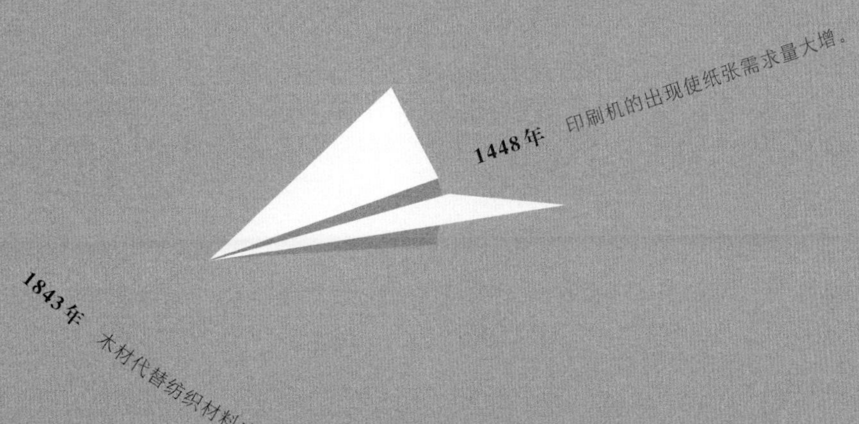

1448年 印刷机的出现使纸张需求量大增。

1843年 木材代替纺织材料成为造纸中最常见的纤维来源。与此同时，蒸汽动力的机器彻底改变了造纸的过程。

第二章

从火药到播种机
（约900—1701年）

2.1 火药（约900年）

源自炼金术士，具体发明者不详（中国）

令人称奇的是，这项与死亡相连的发明居然与治病和延年益寿密切相关。更让人称奇的是，达纳炸药（1867年）和葛里炸药（1875年）的发明都为诺贝尔奖的设立提供了基金来源。以硝化甘油为基础的葛里炸药是第一种塑胶炸药。塞姆汀炸药是20世纪50年代发明的一种新型塑胶炸药，以季戊四醇四硝酸酯（PETN）为原料。尽管火药诞生于中国人追求长生不老的过程中，但它及衍生品的破坏力却在历史上留下了深刻的印迹。

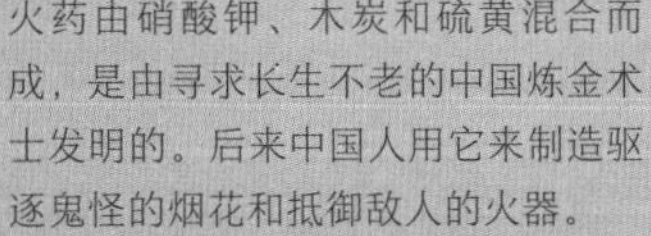
火药由硝酸钾、木炭和硫黄混合而成，是由寻求长生不老的中国炼金术士发明的。后来中国人用它来制造驱逐鬼怪的烟花和抵御敌人的火器。

都灵的阿斯卡尼奥·索布雷洛发明了硝酸甘油，用于治疗癌症和心脏病。作为一种爆炸物，硝酸甘油的性质非常不稳定，直到1867年，阿尔弗雷德·诺贝尔将其与惰性矿物质混合起来制造出炸药，才解决了这个问题。诺贝尔的弟弟埃米尔在早期的试验中因之遇难。

朱利叶斯·威尔布兰德研发TNT（三硝基甲苯）只是打算将其作为一种黄色染料。1902年之前，人们一直认为TNT稳定性较强，不易引爆，所以很难将它和炸药联系起来。在第一次世界大战期间，装填弹药的女工们双手被染上了TNT的黄色，这个特征使她们得到了“金丝雀女孩”的绰号。

延伸阅读

硝化纤维素是从一种早期的炸药发展而来的，一度被用作台球的涂层。然而在玩的过程中，当尖锐的棍子与台球猛烈撞击时，有硝化纤维涂层的台球很容易发生爆炸。

德国化学家托伦和维甘德率先研制出了PETN（季戊四醇四硝酸酯）。它和硝化甘油一样，是治疗心绞痛的药物，同时也是许多塑胶炸药的基本成分。由于它的蒸气排放量较低，因此很难被检查出来。

1964年

在芝加哥大学，菲利普·伊顿研制出了一种只在理论上可行的高活性分子——立方烷。到1999年，它的相关衍生物七硝基甲苯和八硝基甲苯的性能比标准的军用炸药性能高出25%。

2.2 纺车（约1000年）

姓名不详的纺纱工（亚洲）

纺织业的发展经历了几次大的飞跃。纺纱机的每一次进步都建立在前代发明家的开创性革新基础上。哈格里夫斯的珍妮纺纱机在很大程度上借鉴了托马斯·赫兹的发明成果，而如果没有约翰·凯在30年前为纺织工人设计出飞梭，增加了对纺纱棉的需求，哈格里夫斯的发明也就是多余的了。纺车在世界各地有不同的形式，每一种都有其技术优势。虽然它是前工业时代的象征，但是不要忘了，它在中世纪将纺纱工的生产率提高了10倍，推动了早期的工业革命。

延伸阅读

一些历史学家认为，纺车的发明对文明产生了双重影响。他们认为，纺出更多的线意味着能织出更多的布，同时还意味着会产生更多的废旧布料，而废旧布料是大规模造纸的重要成分，因此它对印刷业的发展至关重要。

公元前2万年
最早的纺织品是一条粗纤维的裙子，可能是织工将纱线缠绕在大腿上手工制成的。纺锤的发明提高了这一工序的效率。纺锤靠重力和螺纹来控制旋转，使纺出的纱线更加均匀。

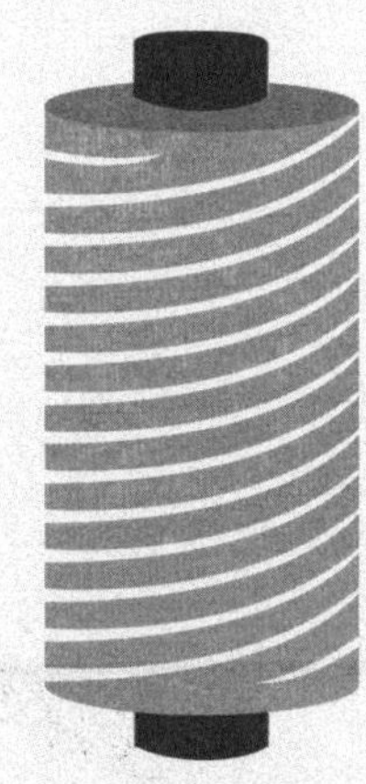

1533年
手摇纺车起源于亚洲，在14世纪传到欧洲。大约在1533年，德国北部的人们为了给纺车提供动力，给它加了踏板。从此，人们的双手就从纺织活动中解放出来了。

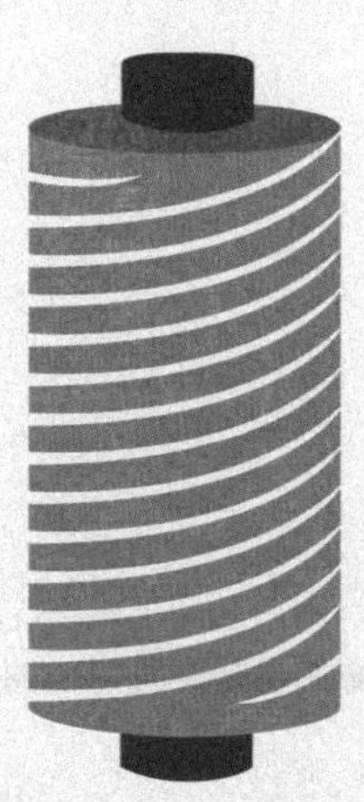

1764年
英国布莱克本的织布工詹姆斯·哈格里夫斯发明了能够同时转动多个纺锤的机器，即珍妮纺纱机。随着产量的增加，纱线价格暴跌，布莱克本的纺纱工闯入哈格里夫斯的车间，砸碎了他的机器。

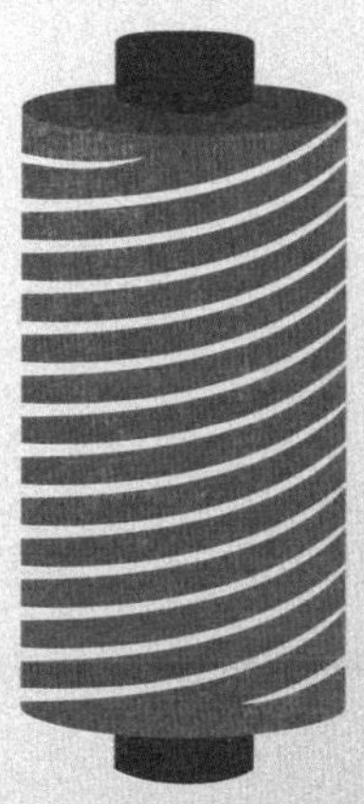

1963年
捷克棉布研究所研发了一种自由端纺纱工艺。它实际上是通过高速旋转纱团而不是纱锭，把纱线中的纤维从中抽出来。通过这个工艺，每秒可以纺40米的纱，但纱线相对粗糙一些。

2.3 枪（约1250年）

发明者不详（中国）

对力量和速度的追求激发了火器发明者的想象力。更充分的爆炸能把子弹发射得更远。为了更快更便捷地装填子弹，16世纪90年代左轮手枪应运而生，1851年机关枪发明了出来，1855年杠杆式连发枪问世。现代的“金属风暴”电动武器系统通过气体点火每分钟可以发射100多万发子弹。

许多新武器的发明者都以自己的名字来命名其发明，他们也因此被人们所记住，例如柯尔特、加特林、勃朗宁、史密斯-威森、卡拉什尼科夫，等等。这些发明与战争联系紧密，柯尔特45在美国西部开发中得到应用，AK-47在中东的游击战中得到施展。但不是所有的枪支都是为杀戮而生，比如信号枪就是用来拯救生命的，而射钉枪是用来建造房屋的。

延伸阅读

火器发展初期的一些短语已经融入我们的生活，成为了日常语言的一部分。a flash in the pan这个短语，在今天的英语语境中，是指时间稍纵即逝，而最初它的字面意思为“瞬间闪现的火光”；Flintlocks were designed not to fire if the hammer was only half-cocked现在用来指那些不愿深入钻研、未能充分发挥潜力的人，而它的字面意思是“燧发枪必须通过撞击才能开火”。

中国的手铳

法国燧发枪

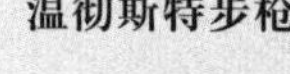

温彻斯特步枪

博查特自动手枪

13世纪，附着少量火药的导火索点燃了第一支手枪。闪烁的火花引燃了枪管里装填的火药。

1610年，火药的点燃方式得到改进，人们用火石撞击钢板来产生火花。

1836年，子弹头、火药和雷管第一次被装配在一起，需要靠扳机推动一个小锤子或销子将其射出。

1893年，自动手枪出现。它利用释放出的气体或反冲力，将弹壳弹出，并从装在枪柄内的弹匣中重新装填子弹。

2.4 眼镜（1284年）

索维诺·达马迪（意大利）

佩戴眼镜是矫正近视或远视最常用的方法。近视的原因是视觉成像聚焦在了视网膜的前面；远视则是视觉成像聚焦在了视网膜的后面。眼镜是通过改变镜片的曲度、厚度和形状来改变视觉图像落在视网膜上的焦点，使其与眼睛的状况相适应。凹透镜可以矫正近视，凸透镜可以矫正远视。

延伸阅读

通常，太阳镜被看作一种时尚物品，但实际上太阳镜可以保护我们的眼睛不被紫外线伤害。18世纪中期，詹姆士·艾斯库发明了有色镜片。1929年，埃德温·兰德发明了一种类似玻璃纸的偏光滤镜，这种滤光镜在1937年被用作宝丽来太阳镜的镜片。

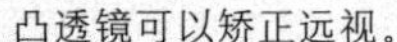

凸透镜可以矫正远视。

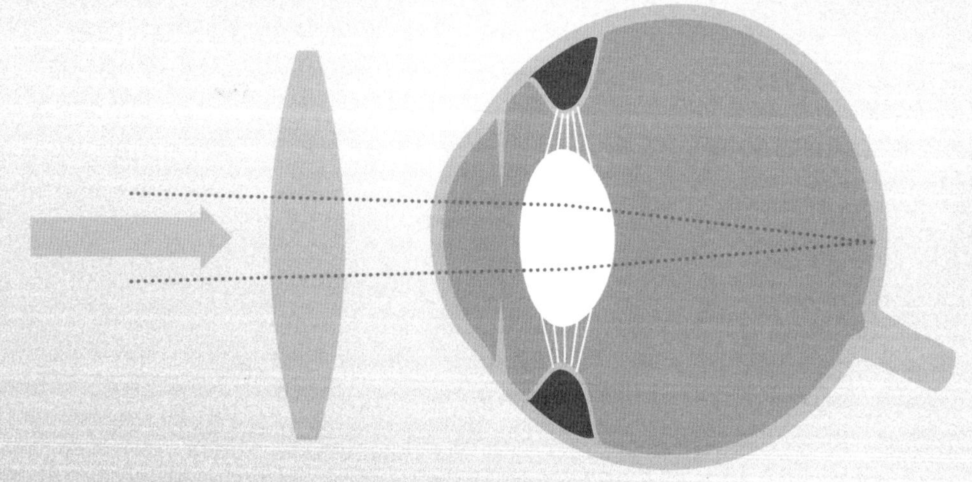

凸透镜镜片能够使图像落在远视眼的视网膜上。凹透镜能使图像落在近视眼的视网膜上。

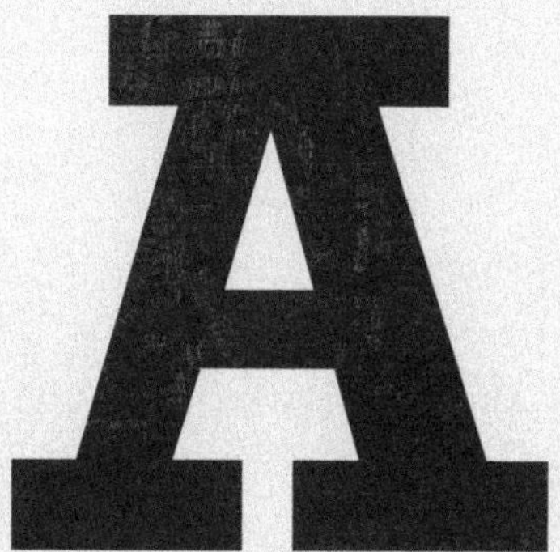

约1000年

在罗马有关“阅读石”的记载中，最早的例子是把一个玻璃球放在书的上面，用来放大字母。

1284年

意大利发明家索维诺·达马迪发明了可佩戴的眼镜。

B

1752年

在伦敦任职的眼镜设计师詹姆士·艾斯库设计了我们今天所见的带有铰链式眼镜腿的眼镜。

D

E

1784年

美国的开国三杰之一本杰明·富兰克林发明了双焦点眼镜，它让佩戴者能够同时近距离和远距离地观察事物：远距离镜片位于眼镜的上半部分，近距离镜片位于下半部分。

1888年

德国的阿道夫·菲克发明了具有屈光力的隐形眼镜。它是一个放在眼球上的薄玻璃片，它和眼球之间的区域充满了类似于眼泪的盐水。

2.5 印刷机（1440年）

约翰·古登堡（德国）

1440年，约翰·古登堡制造出第一台活字印刷机，将原本作为奢侈品的印刷品第一次推广到了普罗大众中。字模由软硬适度的金属制成，可以单独在模具中铸造，而且可以随意组合。这种印刷机的印刷速度前所未有，能够每分钟印三张。这个发明还带来了一个受欢迎的意外结果，即拼写日趋标准化。

1609年
德国发行了世界上第一份周报《通告报》。早期的报纸只有一张纸，文字排成两栏。

1440年
德国金匠约翰·古登堡发明了一种印刷机，他是以莱茵河流域的木制螺旋式葡萄酒压榨机作为发明的灵感来源。操作员通过操纵杆来增加或减少金属字模对纸张的压力。

1731年
英国出版的《绅士杂志》第一次使用"杂志"作为期刊名称，其含义为知识库。作家塞缪尔·约翰逊在这个平台上谋到了第一份正式工作，在上面发表故事、诗歌和评论。这份杂志一直办到1922年。

延伸阅读

1454年的《古登堡圣经》是用活字印刷机印刷的第一部重要作品。这部《圣经》以印刷机发明者的姓氏古登堡命名，每页最多可印42行。早期的印刷品主要为宗教题材的内容，《古登堡圣经》就是最典型的代表。

1843年

美国发明家理查德·M. 霍伊发明了轮转印刷机，将蒸汽动力与印刷设备相结合，这项发明实现了每天数百页的印刷效率。

1985年

随着激光打印机和电脑的出现，桌面出版（在个人计算机上运用版面设计技巧来创建文档，以供印刷）开始流行起来。苹果公司的个人电脑是该领域的领跑者。

1998年

历经十年发展，第一批电子书阅读器才在市场上流行起来。互联网零售商亚马逊在2011年的报告中称，其Kindle阅读器的数字图书销量是精装纸质图书的1.4倍。

2.6 铅笔（1564年）

发明者不详（英国）

带一根铅芯的铅笔是在1564年发明的，当时在英格兰坎布里亚郡的博罗代尔附近发现了一处黑炭矿床。德国纽伦堡的费伯家族用从黑炭矿中提取的粉末状石墨制作了一个铅笔样本。

1795年，法国化学家尼古拉·孔蒂发明了一种制作铅芯的方法。他将石墨与黏土混合，压成棒状，然后放进窑中烧制。通过改变石墨与黏土的比例，可以改变铅芯的硬度，这对艺术家和绘图人员来说很重要。

延伸阅读

铅笔（pencil）这个词源于拉丁文penicillus，古罗马人写字使用的小刷子就叫这个名字。1789年，亚伯拉罕·戈特洛布·维尔纳用希腊单词graphite给铅笔命名，意思是“书写”。

钢笔—1884年

1884年，美国人刘易斯·沃特曼为世界上第一支拥有内置墨水囊的实用性钢笔申请了专利。以派克（Parker）和犀飞利（Sheaffer）为代表的四家公司主导了未来60年的市场，沃特曼的公司就是其中的一家。

在此之前，羽毛笔是主要的书写工具，最好的羽毛笔是用鹅的羽毛和天鹅的羽毛制成的。1810年，美国人发明了蘸水笔和玻璃尖自来水笔之后，羽毛笔的使用率开始下降。但蘸水笔和玻璃尖自来水笔同羽毛笔一样，都必须蘸墨水使用。

罗马尼亚人佩特拉齐·波耶纳1827年发明了一款带有可更换墨囊的笔，并在法国申请了专利，但这种笔在150年后才流行起来。

圆珠笔—1938年

1938年，匈牙利记者拉斯洛·比罗发明了圆珠笔，利用笔尖上的小滚珠传递速干墨水。这种笔尖滚珠的球面直径在0.5～1.2毫米之间，通常由黄铜、钢或碳化钨制成。

“二战”期间，英国皇家空军发现，在高空时，圆珠笔比钢笔的使用效果好，于是批准比罗生产圆珠笔。后来，比罗逃往阿根廷，拒绝将这项技术卖给德国人。

2.7 温度计（1593年）

伽利略（意大利）

传统的温度计是利用测定物质（如水银）的体积变化来测量温度，水银受热时膨胀，冷却时收缩。

通常我们使用的温标是摄氏温标，在标准气压下冰点为0℃，沸点为100℃。摄氏温标是由瑞典天文学家安德斯·摄尔修斯创立的，于1948年在国际上被正式确认并定名。

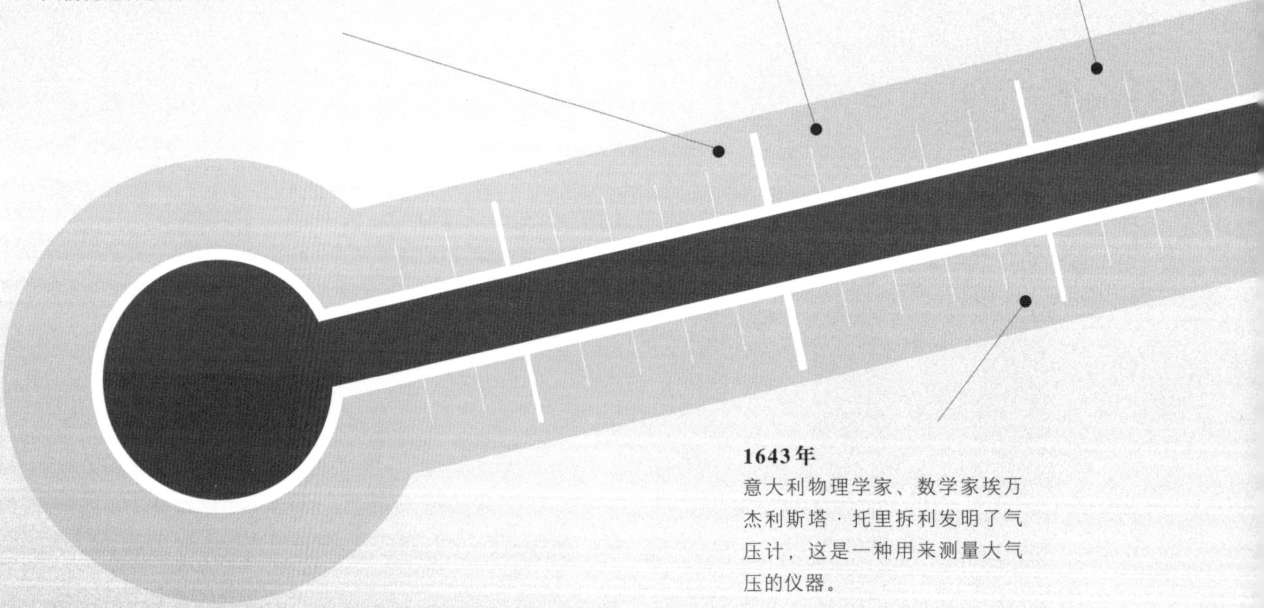

1593年
意大利人伽利略发明了一种液体温度计，可以测量大致的温度。当时人们把这种设备称为“验温器”。

1611年
意大利发明家桑托里奥最先在测温仪器上加上了数字刻度。1624年，人们将其命名为“温度计”。

1643年
意大利物理学家、数学家埃万杰利斯塔·托里拆利发明了气压计，这是一种用来测量大气压的仪器。

1665年
荷兰数学家克里斯蒂安·惠更斯建议用水的冰点和沸点来建立统一的温度标准。

1724年
由于加布里埃尔·华伦海特的水银温度计具有较高的准确性，所以人们将此温标命名为“华氏温标”。温度范围从32℉（冰点）到212℉（沸点）。

1970年
一家名为皇家医疗公司的企业在美国亚拉巴马州申请了电子数字温度计的专利。

1714年
加布里埃尔·华伦海特发明了水银温度计。他是一名医生，父母都是生活在但泽市（今波兰北部城市）的德国人，但他一生大部分时间生活在荷兰。

延伸阅读

温度计可以用来监测从鱼缸水温到核反应堆温度等的各种温度。在一些领域，对高温测量的精确度只能到10℃左右，而临床温度计和许多电子温度计可读取到0.1℃。

2.8 抽水马桶（1595年）

约翰·哈林顿爵士（英国）

抽水马桶利用自来水来处理人类的排泄物。它在维护人类健康方面所做的贡献与疫苗一样大。它依靠一套下水道系统将水排入污水处理厂，污水可以在那里被处理；如果条件不允许，未被处理的污水可以先储存在化粪池内。

公元前800年

克里特国王米诺斯是有历史记载的第一个使用马桶的人，当时是用水壶来冲洗排水沟。

延伸阅读

美国发明家约瑟夫·盖耶蒂1857年发明的医用包装纸是世界上第一款可用的卫生纸。1880年，英国穿孔纸业公司开始出售一种预先裁剪好的小型盒装纸巾。1879年，斯科特纸业公司开始销售筒装卫生纸，但这种纸直到1907年才流行起来。

1595年

英国作家约翰·哈林顿爵士在里士满宫为他的教母伊丽莎白一世女王安装了一个抽水马桶，这个抽水马桶是早期马桶的原型。哈林顿还出版了一本名叫《埃阿斯变形记》的小册子，其中介绍了如何制作抽水马桶。

1829年

位于美国马萨诸塞州波士顿的特里蒙特酒店是第一家使用室内管道并配有八个水箱的酒店。直到1840年，室内管道才广泛出现在酒店和富人家中。

1778年

英国发明家、锁匠约瑟夫·布拉默用一个密封的碗底形螺帽代替了普通的滑动阀。

19世纪80年代

伦敦的水管工托马斯·克拉普获得了九项管道创新专利，其中三项是对冲水式马桶的改进。

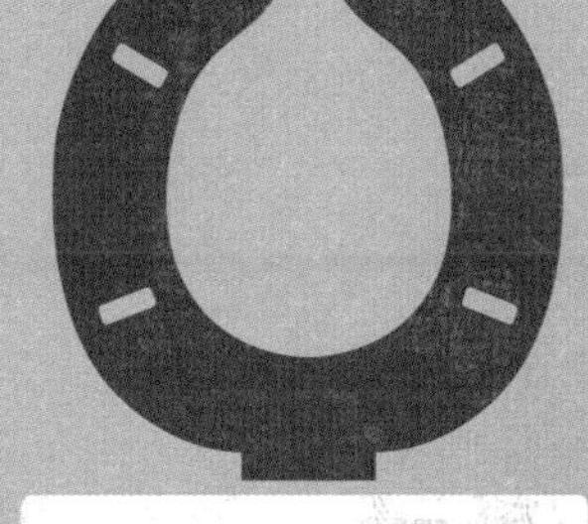

1775年

抽水马桶的第一项专利由苏格兰手表制造商亚历山大·卡明斯获得。他发明了S形存水弯，有效隔离了异味。他还在存水弯上方的碗形出口处设计了滑动阀。

1885年

英国的托马斯·特怀福德用陶瓷制造了世界上首个无盖马桶。从此，那些常见的金属和木质马桶被这种陶瓷马桶取代了。

2.9 显微镜（1608年）

汉斯·李普希（荷兰）

传统的光学显微镜由多个透镜组合而成，是一种用于放大微小物体的仪器。在20世纪30年代，这种光学显微镜被电子显微镜所取代。透射电子显微镜（TEM）和扫描电子显微镜（SEM）由于用的是电子光束，所以相较于利用自然光来放大物体的光学显微镜，其放大的倍数更大。

光学显微镜的放大倍数受限于可见光的波长，其最大分辨率约为250纳米；而电子显微镜利用的是电子光束，在放大到100万倍的时候，分辨率可以达到0.3纳米。

延伸阅读

虽然伽利略不是显微镜的发明者，但是他通过增加对焦装置大幅改进了显微镜。他的朋友约翰内斯·费伯把这个仪器命名为“显微镜”，这个名字源自希腊语的“小”和“看”，而伽利略称它为“小眼睛”（occhiolino）。

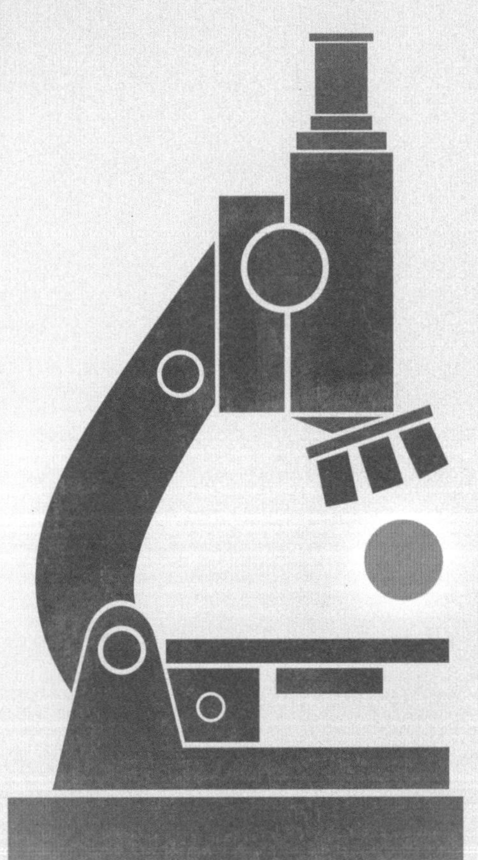

1608年

荷兰眼镜制造商汉斯·李普希准备为双镜片光学折射望远镜申请专利，希望将其用于军事方面。这个望远镜最多只能把物体放大10倍。

1624年

在意大利，伽利略利用同样的双透镜原理制造了一台复合式显微镜。

1668年

荷兰的“显微镜之父”安东尼·范·列文虎克研制出了小而弯的圆形透镜。这组透镜的放大倍率更高，甚至能达到270倍。利用它，人们可以用肉眼观察到前所未见的事物，包括细菌、精子、血液细胞和一系列原生生物。

1847年

卡尔·蔡司开始在德国生产显微镜，他的公司以生产精密光学仪器而闻名于世。

德国工程师马克斯·克诺尔改进了透射电子显微镜。这种显微镜的工作原理是：电子光束透过涂有导电材料（通常是黄金）的超薄片，产生明暗不同的反射光束。这些反射光束被显微镜捕捉，从而形成图像。

2.10 摆钟（1656年）

克里斯蒂安·惠更斯（荷兰）

摆钟的设计理念是：在一个特定的精确时间间隔内，摆锤由于重力来回摆动。钟摆通过棘轮和擒纵装置获得保持摆动所必需的动力，从而发出特有的滴答声。

钟面上的指针反映了擒纵装置的旋转。任何外力都会影响到钟摆的运动，所以这种机械装置不便于携带。在1927年石英钟发明之前的近三个世纪里，摆钟一直是世界上精确的计时工具。

延伸阅读

伦敦威斯敏斯特宫钟楼的大本钟，是世界上最著名的摆钟，它的钟摆安装在钟室下方的封闭室防风箱里，长3.9米，重300千克，每2秒钟摆动一次。

1582

意大利天文学家伽利略开始研究钟摆运动，但遗憾的是，他还没等到自己设计的钟表被制造出来就去世了。

1656

荷兰科学家克里斯蒂安·惠更斯制造了世界上第一台摆钟。他在1658年发表的文章《摆钟论》中描述道：它是通过一种具有自然振荡周期的机制调节的，每天误差小于一分钟。

1671

英国人威廉·克莱门特发明了一种新式钟表，能将每天的误差控制在几秒之内，其精准报时得益于引入锚式擒纵装置。

1675

惠更斯为手表发明了一种进行钟摆运动的弹簧组件，代替了由平衡轮调节的弹簧。他向法国国王路易十四展示了这件作品。

1927

美国工程师沃伦·莫里森在贝尔电话实验室发明了第一台石英钟，将计时的精准性提高到新的标准。

2.11 蒸汽机（1698年）

托马斯·萨弗里（英国）

古罗马数学家兼工程师、亚历山大的希罗被视为最早利用蒸汽动力的人。在1世纪，他利用两股喷出的蒸汽快速旋转一个加热的密封容器，这堪称第一台锅炉。直到17世纪末，发明家们才有办法将蒸汽的特性用于实际用途。从那以后，直到内燃机和电动机出现才挑战了蒸汽机的霸主地位。

1698年
英国军事工程师托马斯·萨弗里发明了一种简单的蒸汽动力泵，用于矿井排水。但这种锅炉会在压力下爆炸。

1712年
英国铁匠托马斯·纽科门制造了一种活塞泵。蒸汽推动活塞向一个方向运动，当蒸汽冷却后，产生的真空会将活塞拉回来。遗憾的是，冷却和加热的过程太长，使得这种泵效率很低。

延伸阅读

在工业革命期间，蒸汽机改变了世界，它的成功归因于法国的压力锅。法国物理学家丹尼斯·帕潘在1679年发明了“蒸煮器”，用来分离脂肪和骨头。试验模型经历了很多次爆炸之后，帕潘引入了蒸汽释放阀，这给了托马斯·萨弗里灵感，由此研发出了的第一台蒸汽水泵。

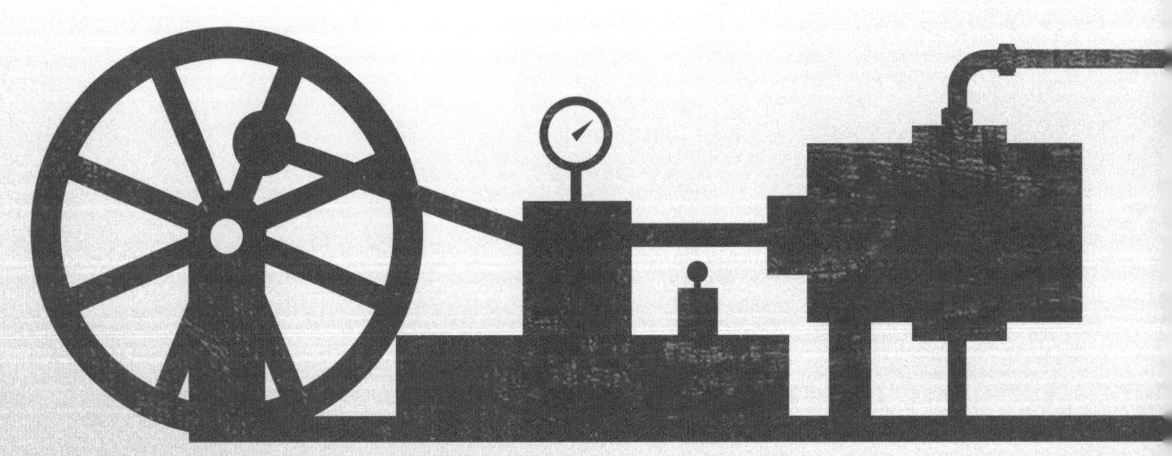

1769年
苏格兰机械师詹姆斯·瓦特增加了一个单独的冷凝器来解决纽科门遇到的问题。通过保持发动机热量和维持冷凝器的冷却状态，能节省约75%的燃料消耗。瓦特研发的蒸汽机为世界各地的工业革命提供了动力。

1884年
英国航海工程师查尔斯·阿尔杰农·帕尔森斯发明了蒸汽涡轮机，这次蒸汽驱动的不再是活塞，而是转子装置。这项发明被应用到航运和发电上。

1800年
英国康沃尔郡采矿工程师理查德·特里维西克改进了高压发动机。这种发动机不需要冷凝器，它能通过较小的活塞缸获得相同的功率。经过这种小型化的改进，蒸汽动车火车即将出现。

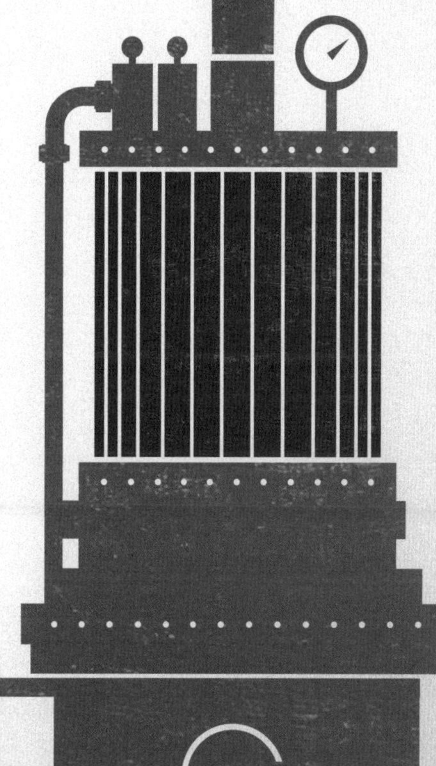

2.12 播种机（1701年）

杰斯罗·塔尔（英国）

在播种机出现之前，播种过程是靠人工完成的。虽然土地在播种之前已经被犁耕过，但这种播种方式还是会使很多种子落在犁沟外。掉落在外的种子会被野生动物吃掉；那些没被吃掉而生了根的种子也可能扎根较浅而生长不良。播种机通过合理间隔和有效种植，最大程度地提高了作物产量。行距均匀，可以使作物远离杂草，从而为作物在土壤中留存更多的营养物质。

杰斯罗·塔尔将他的创造性思维应用于农作物种植的许多方面。他主张在田地里用马代替牛耕作。因为马更驯顺，而且可以更灵活地在各垄之间耕作。除了播种机，他还发明了一种新式的马拉锄犁，对传统的犁做了重大改进。尽管农场工人们觉得这些新机器威胁到了他们的饭碗，但随着时间的推移，这些机器逐渐被土地所有者采用，彻底改变了英国的农村风貌。

延伸阅读

摇滚乐队杰斯罗·塔尔在早期其实有很多不同的名字。在乐队成立之初，由于很难获得邀约，他们便接受了改名字的提议。给他们起名的是票务公司的一名员工，他非常崇拜发明家杰斯罗·塔尔，于是便用他的名字为乐队命名。

约公元前1500年

苏美尔人是最早种植农作物的族群之一，他们发明了一种简单的单行播种机。但这项发明仅流行于美索不达米亚南部（今伊拉克），并没有传播开来。

约公元前200年

中国人使用的是牛拉式播种机，可以同时给好几行垄沟播种。这种播种方式养活了这个国家的庞大人口。

1566年

马可·波罗东行300年后，威尼斯人卡米洛·托雷洛发明了欧洲早期的播种机，他借鉴了中国的播种机设计。

1701年

英国农学家杰斯罗·塔尔研究了欧洲的耕作方法，设计了一种马拉播种机。他在农业上的发明开启了农业革命。

第三章

从螺丝车床到电报

（1775—1836年）

3.1 螺丝车床（1775年）

杰西·拉姆斯登（英国）

螺母和螺栓很少引起人们注意，但工业革命的成功却离不开这两样东西。它们规格统一、螺纹统一，提高了兼容性和装配速度，使批量生产成为可能。螺丝车床是与蒸汽机齐名的重要发明，推动了工业革命，也促进了后来DIY的发展。

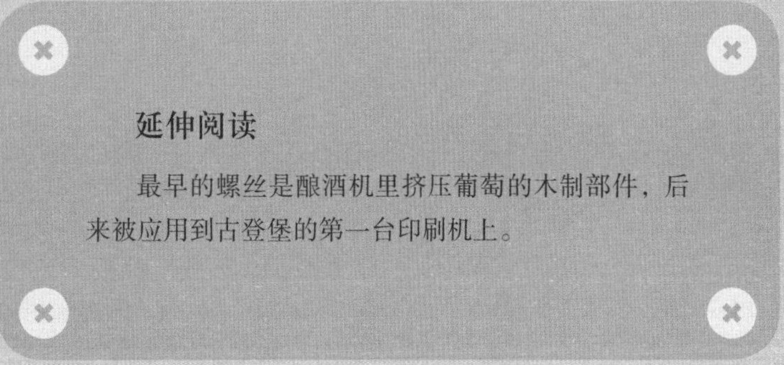

延伸阅读

最早的螺丝是酿酒机里挤压葡萄的木制部件，后来被应用到古登堡的第一台印刷机上。

车床—公元前1300年
早在公元前1300年，古埃及人就开始使用车床。但这种车床难以车削出螺纹。因为它的旋转方向是先顺时针再逆时针，很难车削出相互吻合的螺纹。

螺丝—公元前100年
公元前100年左右，人们第一次用螺丝把东西固定在一起。螺丝比钉子更安全，但手工制作不能保证螺母与螺栓刚好相吻合。

达·芬奇车床—1500年
大约在1500年，达·芬奇开始研制螺丝车床。他在机器上增加了一个调速轮，使机器的速度和方向一致。他还用两个螺杆引导机器匀速地车削。

螺丝车床—1775年
1775年，科学仪器制造商杰西·拉姆斯登制造了一台新型螺丝车床，这是有史以来第一台借鉴了达·芬奇车床的导螺杆车床。亨利·莫兹利在1800年改进了设计，使螺丝可以进行标准化生产。

流水线生产—1913年
螺母和螺栓被用来连接原来在生产过程中纯手工制作的可互换的部件。亨利·福特在1913年意识到，这种生产方式可以大大地减少组装时间和劳动成本。

3.2 热气球（1783年）

蒙戈尔菲耶兄弟（法国）

蒙戈尔菲耶兄弟发明了塔夫绸热气球，气球里充满了通过燃烧羊毛加热的空气，利用它，人类第一次实现了自由飞行。这项发明源于哥哥约瑟夫·蒙戈尔菲耶在烘干衣服时发现衣服受热会膨胀而得到的灵感。

一只绵羊、一只鸭子和一只小公鸡是热气球试验的第一批乘客。试飞结束一个月后，弟弟埃蒂安·蒙戈尔菲耶在巴黎的车间附近乘坐了热气球，成为了第一个离开地面的人。

1783年11月21日
法国的弗朗索瓦·达尔朗侯爵和让-弗朗索瓦·皮拉特尔·德罗齐埃是第一批乘坐热气球飞越巴黎的人，他们用时25分钟飞行了9千米。

1783年12月1日
10天后，雅克·查尔斯首次利用充气气球从巴黎穿城而过，飞行43千米，用时150分钟。有一半的巴黎人观看了这次飞行。

延伸阅读

在3世纪的中国，人们利用飘在空中的纸灯笼传递军事信号，这是最早的无人气球。

1852年9月24日
法国工程师亨利·吉法德发明了第一艘可操控的飞艇，他将一台小型蒸汽机安装在螺旋桨上。首航飞行了27千米，从巴黎飞到了特拉普。

2005年11月26日

印度商人兼飞行员维贾帕特·辛加尼亚创下了乘热气球飞行的世界最高纪录。他从印度孟买市中心出发，飞行高度达到了21 027米。热气球最后降落在240千米外的印度南部城市潘哈尔。

1999年3月20日

热气球驾驶员伯特兰·皮卡尔和布莱恩·琼斯成为第一批乘坐热气球进行环球飞行的人，他们总共飞行了19天21小时47分钟。

1960年8月16日

美国飞行员约瑟夫·基廷格从新墨西哥州上空31 333米的氦气球“精益求精3号”上起跳，创造了从飞行器上跳伞的最高纪录。

1900年7月2日

德国将军齐柏林伯爵设计的刚架飞艇在德国康斯坦斯湖附近首次实现了无系留飞行。齐柏林后来成为了飞艇制造商。再后来，齐柏林飞艇率先实现了飞跃大西洋。

3.3 电池（1800年）

亚历山德罗·伏特（意大利）

亚历山德罗·伏特的湿电池又被称为伏打电堆。它由一组锌片和铜片组成，中间用浸在盐水中的纸板隔开。在潮湿的环境中，材质不同的金属（如黄铜和铁）通过接触会产生电流。多年来，电池的使用量呈指数级增长，一个重要原因是电池使用寿命延长和型号越来越多样。从助听器到MP3播放器，从手表到手机，电池为各种设备供电，是现代世界的重要支柱。

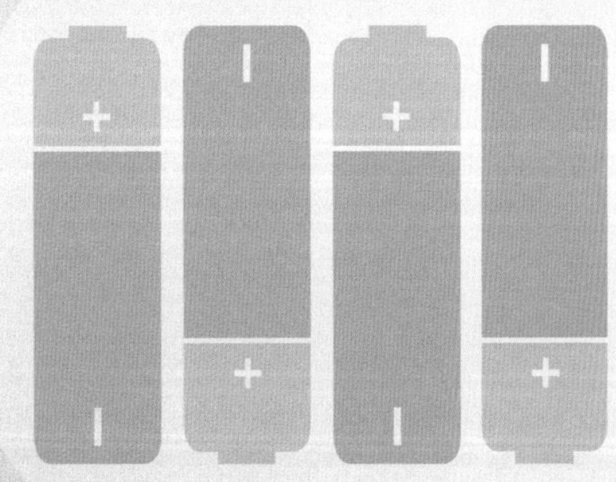

延伸阅读

“电池”一词最早出现在1748年，当时人们用它来描述一组带电的玻璃板。伏特用自己的姓氏作为电压的单位名称。当1安培的电流通过电阻是1欧姆的导线时，导线两端的电压为1伏特。

1800年
亚历山德罗·伏特发明了第一个湿电池。

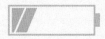

1836年
英国人约翰·弗雷德里克·丹尼尔发明了以硫酸铜和硫酸锌为电解液的电池。丹尼尔发明的电池比伏特发明的电池更安全，腐蚀性更小。

1839年
威廉·罗伯特·格罗夫发明了第一种燃料电池，它通过氢和氧进行化合作用产生电能。

1859年
法国发明家加斯顿·普兰特发明了蓄电池，它是一种可以充电的铅酸电池。蓄电池是今天充电电池的基础。

1866年
法国工程师乔治·勒克朗谢发明了碳-锌湿电池。它是将锌阳极和二氧化锰阴极包裹在多孔的材料中，浸入氯化铵溶液罐里。这种电池最初是为早期的电话供电。

1881年
德国人卡尔·加斯纳发明了第一种在商业上成功的干电池。尽管这种电池的寿命相对较短，但它今天仍然被人们使用着。

1901年
美国发明家、科学家爱迪生发明了碱性蓄电池。最初它的价格太高，不适于商业应用，但今天它却成为了最常见的电池类型。

太阳能电池—1954年
贝尔实验室的美国研究人员杰拉尔德·皮尔森、卡尔文·福勒和达里尔·查宾通过将一组硅片放置于阳光下，发明了太阳能电池。这种电池能吸收自由电子，将其转化为电能。

3.4 罐头（1810年）

奥古斯特·德·海恩和彼得·杜兰德（英格兰）

19世纪初，拿破仑意识到传统的食物储存方式无法满足远征的法国军队长期食用，于是他悬赏寻求能想到新储存方法的人。不久之后，人们发现铁罐可以更长久地保存食物，它比玻璃瓶更轻、更容易密封，而且在运输过程中更耐用。为防止铁皮生锈，人们为其涂上了一层薄薄的锡，所以也有人称之为“锡罐”。

延伸阅读

第一批罐头是用铅焊密封的，这会让食用者有铅中毒的危险。1845年，由约翰·富兰克林率领的北极探险队成员吃了三年这样的罐头，都死于严重的铅中毒。

1808年
法国糖果商兼厨师
尼古拉·阿佩尔发现，将食物
放在密封的玻璃瓶中加热至高温
可以防止食物变质。

1810年
奥古斯特·德·海恩和彼得·杜兰
德为储存食物的铁锡罐申请了专利。
这些铁锡罐比其装的食物还重。

1858年
第一个开罐器的专利权由
美国发明家埃兹拉·华纳获得。
如果不是他，今天的消费者还得用
凿子和锤子把罐子的顶部打开。

1901年
美国罐头公司于康涅狄格州
格林威治成立。在20世纪初期，
这家公司生产了美国市场上
90%的罐头。

1962年
美国人厄默尔·弗莱兹
发明了拉环，使人们在没有开罐器
的情况下也可以打开锡罐。他把这
项发明授权给了匹兹堡啤酒公司，
该公司把它用在了啤酒罐上。

速冻食品—1929年

美国发明家克莱伦斯·伯德塞耶发明了速冻系统，他把新鲜的食物装进涂了蜡的纸板箱里，然后在高压下用电风扇、盐水和冰块快速冷冻。第一批速冻蔬菜于1929年问世。

3.5 自行车（1817年）

卡尔·冯·德莱斯（德国）

自1885年约翰·肯普·斯塔利确立了自行车的现代形式以来，其设计几乎没有发生什么变化。技术和新材料的应用提高了自行车的舒适度和速度。一些细微的变化只是用来满足人们在特定方式下使用自行车的需求，例如越野自行车。斜躺式自行车最早出现在19世纪90年代，但由于速度太快，这种自行车在1934年被禁止参加比赛，限制了其发展。2009年，一位斜躺式自行车车手创造了134千米/时的人力驱动器材陆地速度纪录。

木马—1817年

1817年，卡尔·冯·德莱斯发明了一种两轮装置，供他在庄园里四处活动。这种装置的框架是木制的，德莱斯可以通过前轮操纵。但这种装置没有踏板，德莱斯只能脚踩着地面，通过行走或小跑来保持平衡。

老式自行车—19世纪60年代

19世纪60年代巴黎人疯狂迷上了自行车，铁匠厄内斯特·米肖是最早给自行车装上踏板的人之一。开始的时候，踏板是安装在前轮上的，但这妨碍了自行车转向。这种老式自行车骑起来非常颠簸，就像骑在铺满鹅卵石的街道上。

延伸阅读

约翰·肯普·斯塔利的第一辆现代自行车名为“漫游者”，他创办的公司也名为“罗孚”（意译即“漫游者”）。他去世后，该公司开始生产摩托车，后来又生产汽车，如今的路虎揽胜就是它生产的现代车型。

高轮自行车——1870—1871年

1870年前后，有人将自行车的前轮直径增加到1.5米，它行驶起来更加平稳和快速。但对骑手来说，下车却变得非常麻烦。1871年，考文垂的工程师詹姆斯·斯塔利给自行车添加了辐条。

安全型自行车——1885年

亨利·劳森于1879年开始研制用后轮链条驱动高轮自行车。1885年，詹姆斯·斯塔利的侄子约翰·肯普·斯塔利发明出第一辆装配有相同大小的车轮、车把、踏板、链条和弹簧鞍座的现代自行车。

3.6 盲文（1824年）

路易·布莱耶（法国）

盲文是一种特殊的凸起文字，能帮助视障人士“阅读”。它是由法国人路易·布莱耶发明的，布莱耶在3岁时因一次事故而失明。

盲文的每一个字符都由两列三行排列的长方形单元格组成，其中最多可填6个凸起的点，点的数量和位置决定了字符是字母、数字还是符号。它有64种排列方式，可表示多种语言。在我们有生之年，计算机技术可能会取代布莱耶的盲文，但在盲文发明近两个世纪后的今天，它仍然是视障人士阅读和写作的主要工具。

A B C D

E F G H

I J K L

M N O P

Q R S T

U V W X

Y Z

延伸阅读

为了安全起见，人们在硬纸板和塑料材质的药品包装上增加了布莱耶的盲文，墨西哥央行也用凸起的标记来区分不同面值的纸币。

19世纪初期
为了让士兵们能够在昏暗的灯光下进行无声交流，法国陆军上尉查尔斯·巴比尔·德拉塞尔创造了盲文的前身——夜间读写法符号。但这种符号太烦琐，不容易学习。

1821年
查尔斯·巴比尔·德拉塞尔在参观国家盲人研究所时，见到了12岁的路易·布莱耶。1824年，15岁的布莱耶改进了夜间读写法的符号，使之成为了盲人交流的工具。

1919年
环球盲文出版社成立。现在它每年出版超过500万页的盲文读物。

1945年
英国盲文协会成立，主要向视障者提供教育和盲文材料。

1976年
美国发明家雷蒙德·库兹韦尔改进了他发明的阅读机。这种机器将平板扫描仪和光学字符识别软件合成为一个语音器。之后库兹韦尔又开发了一个语音识别系统。

3.7 火柴（1826年）

约翰·沃克（英国）

近200万年来，火一直是人类赖以生存的基础，它被用来取暖、照明、驱赶野兽和烹饪食物。在公元前40万—前10万年间，人类学会了生火。即使在电力时代，无论是点燃太空火箭、烟花还是晚餐蜡烛，点着火仍然是首要工作。早期的火柴富含白磷，对使用者和制造工人都是有毒的。一盒火柴所含的白磷毒素足以致命。最早的纸板火柴出现在19世纪90年代，收集纸板火柴和火柴盒的爱好者被称为“火花收藏家”（phillumeny），这个词源于希腊语的“爱”和“光明”。

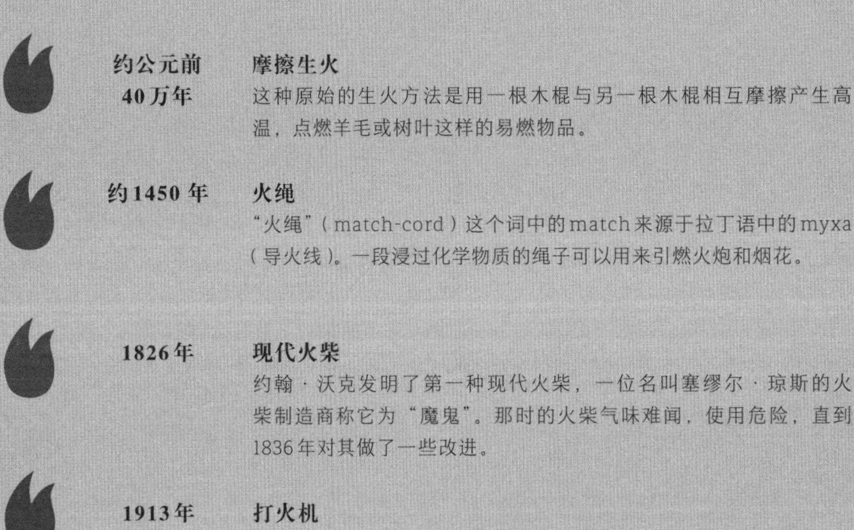

约公元前40万年　**摩擦生火**

这种原始的生火方法是用一根木棍与另一根木棍相互摩擦产生高温，点燃羊毛或树叶这样的易燃物品。

约1450年　**火绳**

“火绳”（match-cord）这个词中的match来源于拉丁语中的myxa（导火线）。一段浸过化学物质的绳子可以用来引燃火炮和烟花。

1826年　**现代火柴**

约翰·沃克发明了第一种现代火柴，一位名叫塞缪尔·琼斯的火柴制造商称它为“魔鬼”。那时的火柴气味难闻，使用危险，直到1836年对其做了一些改进。

1913年　**打火机**

打火机采用了15世纪的火枪技术，用金属火石的火花点燃石脑油或丁烷等易燃气体。1913年，朗森公司（Ronson）开始生产打火机，成为第一家专业生产打火机的公司。1932年，美国之宝公司（Zippo）也开始生产打火机。

延伸阅读

一位火柴厂的员工为了给工厂节约成本，建议只在火柴盒的单面粘贴砂纸。这个简单的改变，使火柴盒生产企业每年的砂纸成本降低了一半。这就是所谓的跳出固有思维模式！

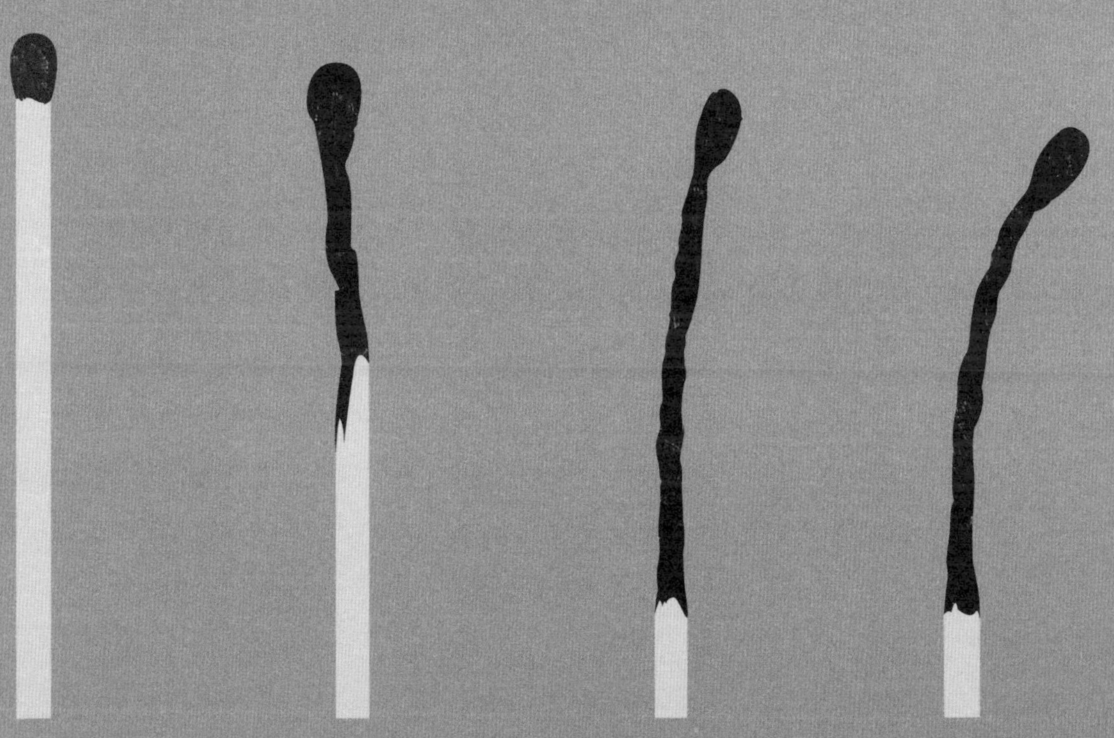

3.8 照相机（1827年）

约瑟夫·尼塞福尔·涅普斯（法国）

暗箱

1827年，法国发明家约瑟夫·尼塞福尔·涅普斯发明的太阳照相仪是现代照相机的原型，它靠光线创造出照片。但是这种照相仪曝光需要8个小时，而且照片很快就会褪色。

延伸阅读

在柯达彩色胶卷经历74年的发展后，柯达公司于2009年停止了彩色胶卷生产。但是保罗·西蒙1973年创作的歌曲《美好明亮的颜色》和《妈妈，别把我的柯达胶卷拿走》却让“柯达”这个名字永垂不朽。

1827年

达盖尔摄影法

法国艺术家路易·达盖尔于1837年制作了第一张永久性照片。他将一片镀银铜片涂上碘，形成光敏表面，插入照相机中，曝光几分钟后，将其浸泡在氯化银溶液中，就制作出了一幅在光照下不会褪色的照片。

1837年

胶卷照相机

1884年，美国人乔治·伊士曼发明了一种柔韧的纸质胶片，这使照相机的大规模生产得以实现。1888年，柯达的“盒式”照相机问世，这是一种木质的、不透光的盒子，只有一个简单的镜头和快门。摄影师一按快门，负片就产生了，然后返还给公司进行处理。不久，胶片就换成了更柔韧的塑料材质的。

1884年

35毫米照相机

德国光学工程师奥斯卡·巴纳克提出了一个想法，即缩小底片的尺寸，然后在底片曝光后在暗室放大底片图像。1925年，世界上第一台35毫米照相机“原型徕卡”上市，它的胶片参照爱迪生电影公司的电影胶片做了调整。

1925年

1930年

1935年

1948年

1975年

闪光灯

1887年，德国人阿道夫·米特和约翰·盖迪克发明了闪光粉。后来，奥地利人保罗·维尔科特将一截涂有镁的金属丝放入一个真空玻璃球中，从而发明了闪光灯。第一个商用闪光灯在1930年获得了专利。

彩色摄影

柯达彩色胶卷于1935年问世，是第一种进入大众市场的彩色胶卷。它的独特性在于：染料不直接作用于胶片，而是在单独的化学槽中与试剂发生化学反应。由于工艺复杂，柯达彩色胶卷最初的售价包括了加工费。

即时成像相机

美国发明家、物理学家埃德温·兰德发明了一种可以一步完成冲洗和打印照片的方法，称作即时摄影。兰德公司推出的“宝丽来”相机于1948年首次向公众出售。

数码相机

1975年，史蒂芬·沙森用世界上第一台数码相机拍出了一张黑白影像。这款相机的分辨率为1万像素。拍摄者先用相机将图像记录到盒式磁带上，然后再用电视屏幕将盒式磁带上的影像读取出来。整个过程用时23秒。1991年，柯达推出了第一款专业数字系统，三年后大众版问世。

3.9 公共铁路（1829年）

乔治·史蒂芬森（英国）

乔治·史蒂芬森常被称为铁路之父。他在英格兰东北部连接煤矿和海港的铁路系统学习了工程技术。后来他被任命为修建从利物浦到曼彻斯特的铁路（世界上第一条城际客运专线）的工程师，此时他已经是该领域的专家了。

他在为公司设计蒸汽机时，解决了自1800年理查德·特里维西克发明第一台小型化蒸汽机以来所有困扰发明家的技术问题。史蒂芬森提高了锅炉的效率，解决了活塞到车轮的动力传送问题，使他所设计的火车运行更加高效。他的工程解决方案至今仍应用于蒸汽机。

史蒂芬森设计的“火箭号”火车机车在1829年的竞赛中显示出了高效的运行性能，这使他得到了修建从利物浦至曼彻斯特铁路的工作。不幸的是，1830年9月15日“火箭号”首次向公众正式开通运营时，发生了世界上第一起致命的铁路事故：一名当地政客失足死于机车车轮下。

帝国快车999号
国家：美国
日期：1893年
最高速度：131千米/时

延伸阅读

1806年开通的从斯旺西至曼布尔斯的铁路于1960年关闭，它曾是世界上运行时间最长的客运专线。这条铁路上的火车经历过多种动力牵引方式，包括马匹、蒸汽、电力、汽油、柴油等。

史蒂芬森火箭号
国家：英国
年份：1830年
最高速度：48千米/时

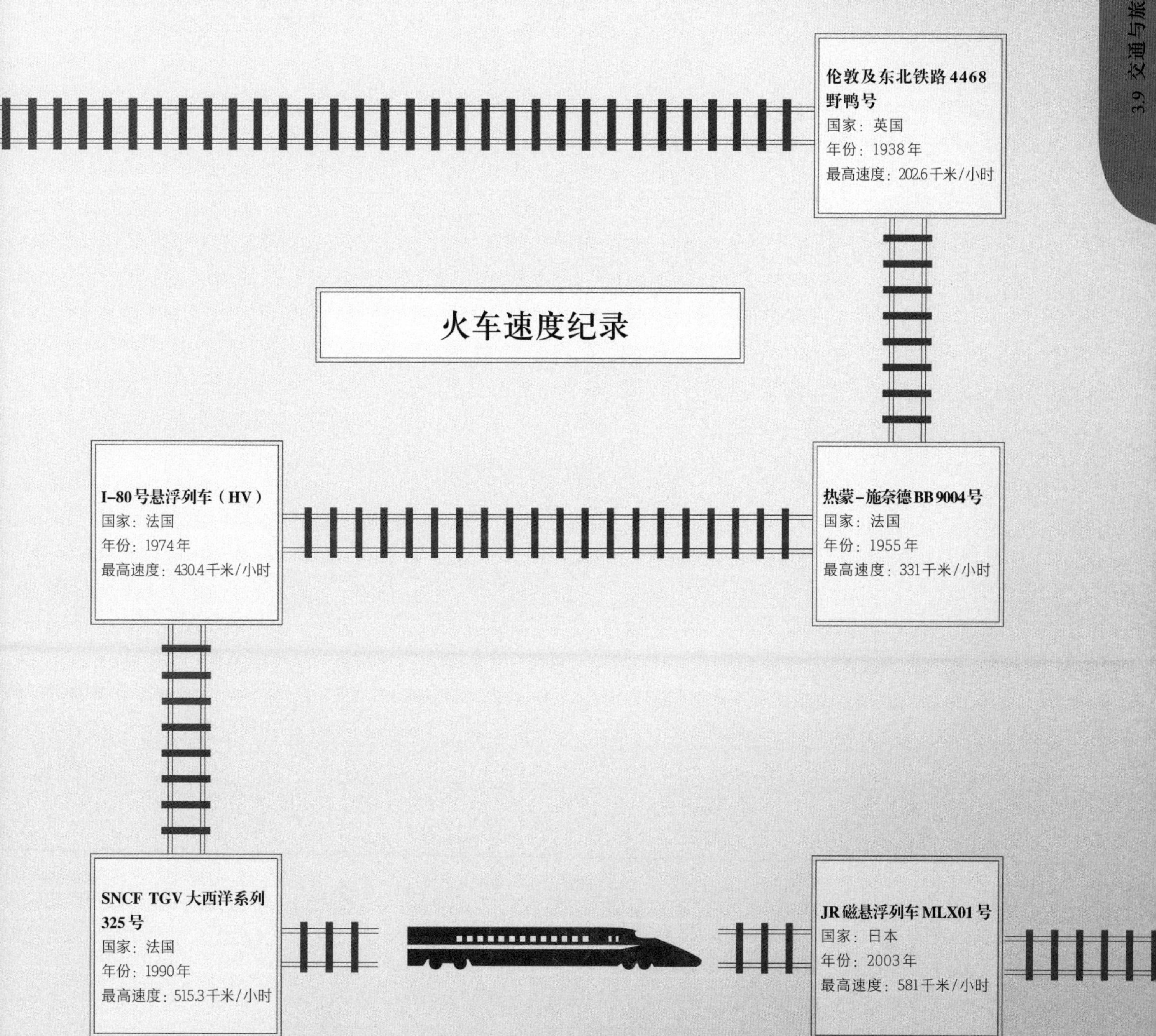
火车速度纪录
伦敦及东北铁路4468野鸭号
国家：英国
年份：1938年
最高速度：202.6千米/小时
热蒙-施奈德BB 9004号
国家：法国
年份：1955年
最高速度：331千米/小时
I-80号悬浮列车（HV）
国家：法国
年份：1974年
最高速度：430.4千米/小时
SNCF TGV大西洋系列325号
国家：法国
年份：1990年
最高速度：515.3千米/小时
JR磁悬浮列车MLX01号
国家：日本
年份：2003年
最高速度：581千米/小时

3.10 割草机（1830年）

埃德温·贝尔德·布丁（英国）

在中世纪，草坪成为法国园林设计的一个流行元素。到19世纪，随着公园和露天运动（网球、板球、槌球等）的普及，人们急需一种快速高效的割草机械。贝尔德·布丁发明的早期割草机就是为这种大型娱乐场设计的。第一台割草机是由几个相连的圆筒组成的宽幅割草机，由马或拖拉机牵引穿过高尔夫球场或足球场。在维多利亚时代，中产阶级日益壮大，他们想在自己家里开辟花园，但又无力雇园艺工人，于是，小型家用割草机的需求量日渐增长。

延伸阅读

使用驾乘式割草机时，人还能跟着运动一下。但到了20世纪末，随着遥控割草机和自动割草机的出现，人已经完全不需要跟着动了，甚至都不必盯在花园里。

修剪草坪的方式

羊——羊和其他家畜是除草的有效方法，但它们可能会啃坏花园里的花和家具，并把粪便留在草坪上。

镰刀——熟练使用镰刀的人，用镰刀割的草会比想象的均匀。但用镰刀割草，是一个辛苦而缓慢的体力活，而且镰刀又大又锋利，用起来很危险。

园艺剪——用园艺剪修剪草坪也是一件辛苦活，相比之下，用长柄大镰刀来修剪，简直就像在花园里散步一样。如果你有一所豪华大宅和足够的仆人，用它修剪草坪能够做到整洁美观。

滚筒割草机——1830年，贝尔德·布丁受到当地一家工厂用来裁剪布料的机器刀片的启发，在轮子之间安装了一个装有刀片的滚筒，手推运行。

旋转式割草机——第一台实用性的旋转式割草机出现在20世纪50年代，它有一组水平的刀片，安装在一个垂直的轴上，利用小型电机使刀片旋转。

悬浮式割草机——1964年，瑞典发明家卡尔·达尔曼在一组旋转叶片的上方安装了一个涡轮，它能产生向下的空气推力，这样割草机就能轻松地从草坪上滑过。

3.11 冰箱（1834年）

雅各布·珀金斯（美国）

冰箱的工作原理是利用制冷室来吸收热量，通过在一个封闭的系统中将气体压缩成液态来实现这一过程。气体在蒸发过程中，会从周围环境吸收热量，从而降低环境温度。然后，气体会经过一组线圈，这组线圈充当了冷凝器，降低气体的温度，使其再变成液体，进行下一次循环。

但问题是，在如此低的温度下能够液化的气体往往具有毒性。苏格兰医生威廉·卡伦利用常用作全身麻醉剂的乙醚来制冷。在19世纪中叶，冰箱制冷剂中的氨对肺、皮肤和眼睛都具有腐蚀性。到了20世纪20年代，二氧化硫和氯甲烷是常见的制冷剂，但二氧化硫会灼伤皮肤、损害视力，氯甲烷则有毒且易燃。后来人们用低毒性的氟利昂来代替。但是，氟利昂会破坏臭氧层，所以当我们在享用冷藏啤酒和食品时，真的应该想想我们对环境造成了多大破坏。

延伸阅读

在解决制冷问题的过程中，到1880年，仅美国就有超过3000项相关专利。1926年，物理学家爱因斯坦做了一个尽管有些迟到、但却很有价值的贡献。他发明了靠吸收热量来驱动的制冷机，它不需要压缩气体，也不需要用电。这个专利后来被伊莱克斯公司买走了。

大约公元前1000年，中国人开始在冰冻的湖里采冰，并储存在岸边的冰库里。他们以此来冰镇保存食物，这些冰会一直用到来年夏天。

1756年，苏格兰医生威廉·卡伦首次公开演示了通过将乙醚气化来人工制冷的方法。

19世纪时，金属冰箱在许多家庭中已很常见，它内衬软木或木屑，放在一个石砌的房间里。冰箱中的冰块需要由马车运送。

1834年，美国发明家、机械工程师雅各布·珀金斯为他发明的“制冰制冷机”申请了专利。这是第一台使用蒸汽压缩系统的制冷机。

1857年，移民澳大利亚的苏格兰人詹姆斯·哈里森发明了商业制冰机和冷冻机，用于酿酒和肉类包装保鲜。

3.12 电报（1836年）

萨缪尔·摩尔斯（美国）

早期的两个发明使电报的出现成为可能：威廉·斯特金在1825年发明了电磁铁；约瑟夫·亨利在1835年发明了继电器。萨缪尔·摩尔斯的电报系统是参与竞标的几个系统中最完善的。1844年，第一条实验性的电报线路建成，发送了第一条电报信息，内容为辉格党总统候选人的姓名。这条信息从安纳波利斯发送到了华盛顿特区。

西部联合电报公司于1861年建成了第一条横贯美国大陆的电报线路。两天后，其竞争对手驿马快信公司倒闭。1866年，第一条横跨大西洋的电缆成功铺设，世界由此变小了。西部联合电报公司最终在2006年终止了电报业务。

鼓

公元前3000年，斯里兰卡的统治者和臣民用鼓传递信息。这种方式后来被军队广泛采用，因为鼓声在战场上不会被淹没。

信号灯

公元前5世纪，古希腊人最先用反光镜来传递信号。今天，当需要保持无线电静默时，海军舰艇仍然会利用灯光在海上传递信号。

远距离信息传递的方法

旗语

到18世纪时，许多国家已经有了自己的视觉信号系统，利用旗子或信号杆将信息从一个信号站快速传递到下一个信号站。

烟

众所周知，古代中国人会在长城的烽火台上点起狼烟来传递信号。公元前588年，巴比伦被围攻时也是用烟雾来传递信号。

延伸阅读

1821年，利用信号灯可以在6分钟内通过50个中转站将信息从巴黎传送到斯特拉斯堡，距离为362千米。它的传递速度为3621千米/时，比当时普遍采用的信息传递方式——骑马的信使要快得多。

第四章

从邮票到麦克风
（1840—1876年）

4.1 邮票（1840年）

罗兰·希尔爵士（英国）

1680年，英国最先设立收费一便士的邮政系统，由收信人支付一便士的服务费。到1840年，服务费已经上涨到四便士。“黑便士”邮票是罗兰·希尔爵士推行的邮政改革措施之一。它依据重量而不是距离来确定邮费，这个资费标准比以前低得多，同样价值的邮票可以用于寄往国内任何地方的邮件。在之后的十年里，英国的邮件递送量增长了360%，其他国家很快也效仿了这种邮政方法。1843年，英国以外的第一批邮票在瑞士发行。

延伸阅读

邮政服务曾长期面临欺诈问题。有的寄件人会在信封上留下密码，当收信人读过这些密码而知道信件内容后，便拒绝接受信件，从而逃避付邮资。如今，通过使用特种纸张、邮戳和特殊印刷技术，已经解决了邮票重复使用和伪造的问题，而发光墨水、隐性图像和全息影像技术使邮票更难伪造。

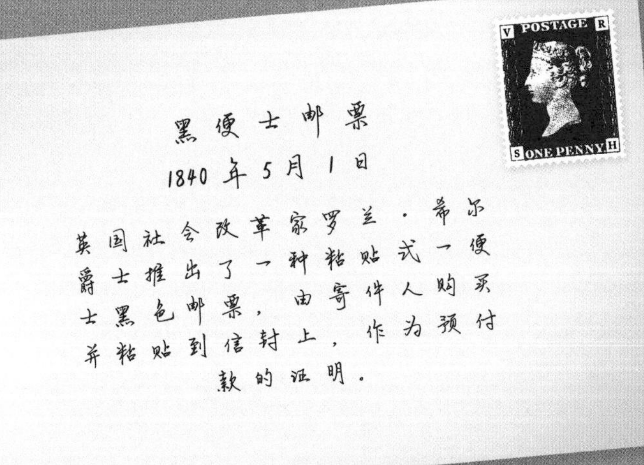

V POSTAGE R
S ONE PENNY H
黑便士邮票
1840年5月1日
英国社会改革家罗兰·希尔爵士推出了一种粘贴式一便士黑色邮票，由寄件人购买并粘贴到信封上，作为预付款的证明。

红便士邮票

1841年2月10日

由于在黑色邮票上很难看清楚红色的邮戳，于是人们想出了一个简单的解决办法：将颜色颠倒过来，一便士红色邮票上盖黑色的邮戳。这个方法一直使用到1879年。

5美分邮票

1847年7月1日

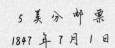

美国第一枚邮票上印的是首任邮政局长本杰明·富兰克林的头像。从那以后，美国邮政总局发行的超过130种邮票上印有他的肖像。

二十生丁邮票

1849年1月1日

法国第一枚邮票上的图案是古罗马神话中的农业女神克瑞丝。和黑便士一样，没多久它就被改成了橙色版（面值二十生丁），以使黑色的邮戳更显眼。

4.2 麻醉剂（1842年）

威廉·爱德华·克拉克（美国）

我们现在用作麻醉剂的很多物质最初是用于精神或休闲活动的，它们的医疗用途或得之于偶然，或得之于史前的献祭仪式。例如，鸦片的镇痛效果在很长时间内被人们忽略，因为肮脏糜烂的鸦片馆给人们留下了不好的印象。

19世纪初，关于乙醚和笑气的性质的科学演示被称为“乙醚游戏”，吸引观众体验心智改变的感受。威廉·爱德华·克拉克在马萨诸塞州伯克希尔医学院学习期间，首次把乙醚作为麻醉剂来进行外科手术。1846年，美国医生奥利弗·温德尔·霍尔姆斯借鉴希腊语创造了“麻醉”（anaesthesia）一词，意思是“没有感觉”。

延伸阅读

今天多被当作一种娱乐性毒品的大麻，是一种被称为“麻沸散”的麻醉剂的主要成分，2世纪中国的天才外科医生华佗用它成功地做了150多例手术。但他死前销毁了配方，使医学进步延缓了数百年。

酒精
在约公元前7000年的陶器上的遗留痕迹表明，新石器时代的中国人就开始饮酒了。直到18世纪晚期，酒精仍然是常用的止痛镇静剂。

鸦片
鸦片是用从罂粟果实中提取出来的汁液干燥后制成的。古巴比伦人在公元前2225年就知道它了，古埃及人则用它来制药。1527年，瑞士植物学家、医生和炼金术士帕拉塞尔苏斯发明了一种鸦片酊剂。

乙醚
帕拉塞尔苏斯记录了乙醚具有镇痛作用。1275年，加泰罗尼亚炼金术士拉蒙·鲁尔最先发现了乙醚；1842年，美国牙科专业学生威廉·爱德华·克拉克首次使用了乙醚作为麻醉剂。

一氧化二氮（笑气）
1772年，英国科学家约瑟夫·普里斯特利发现了一氧化二氮，它是一种令人发笑的气体。在1844年美国牙医霍拉斯·威尔斯用它作麻醉剂之前，一氧化二氮一直被用作消遣药物。

吗啡
1806年，德国药剂师弗雷德里希·瑟特纳首次从鸦片中提取出了吗啡。20世纪研发出了它的很多合成替代品，包括1946年研发出的美沙酮。

氯仿
1831年左右，法国、德国和美国分别发现了氯仿。1847年苏格兰产科医生詹姆斯·扬·辛普森首次用其进行麻醉。

可卡因
可卡因发现于1859年。1884年，在精神分析学家西格蒙德·弗洛伊德的建议下，奥地利眼科医生卡尔·科勒将可卡因用于局部麻醉。

巴比妥
1902年，德国化学家赫尔曼·费雪和约瑟夫·冯·梅林发现了巴比妥的催眠特性。

4.3 传真机（1843年）

亚历山大·贝恩（英国）

传真机在20世纪80年代才开始被广泛使用，但随着个人电脑的出现，电子邮件和图像扫描设备使用率越来越高，传真机很快就被淘汰了。其实，传输图像的技术已经存在了100多年，比电话还早。

只有大公司才负担得起昂贵而又复杂的传真机器，对这些大公司来说，发送和接收传真是工作中必不可少的内容。关于传真机的价值有一个著名的例子：1907年，德国警方利用物理学家亚瑟·科恩的电报系统将斯图加特银行抢劫案中被通缉的男子的照片传遍了整个欧洲，后来这名男子在伦敦被认出并被逮捕。

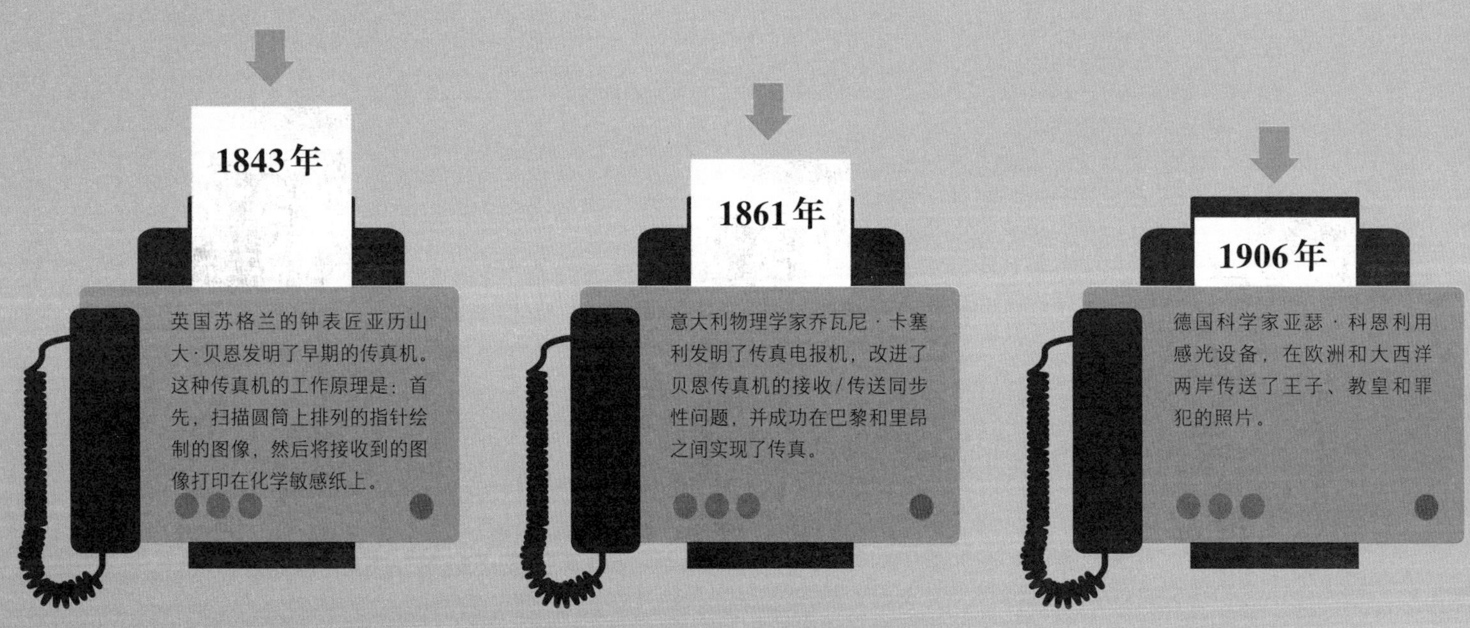

1843年
英国苏格兰的钟表匠亚历山大·贝恩发明了早期的传真机。这种传真机的工作原理是：首先，扫描圆筒上排列的指针绘制的图像，然后将接收到的图像打印在化学敏感纸上。
1861年
意大利物理学家乔瓦尼·卡塞利发明了传真电报机，改进了贝恩传真机的接收/传送同步性问题，并成功在巴黎和里昂之间实现了传真。
1906年
德国科学家亚瑟·科恩利用感光设备，在欧洲和大西洋两岸传送了王子、教皇和罪犯的照片。

延伸阅读

1846年，亚历山大·贝恩改进了他发明的传真机的打印工艺，用来打印标准的电报字母信息。它每分钟能记录300个单词，而萨缪尔·摩尔斯的设备只能记录40个单词。然而，摩尔斯下令禁止使用贝恩的设备，只允许人们使用他的设备。紧急求救的摩尔斯信号之所以用SOS表示，仅仅是因为其电报机发送速度慢。

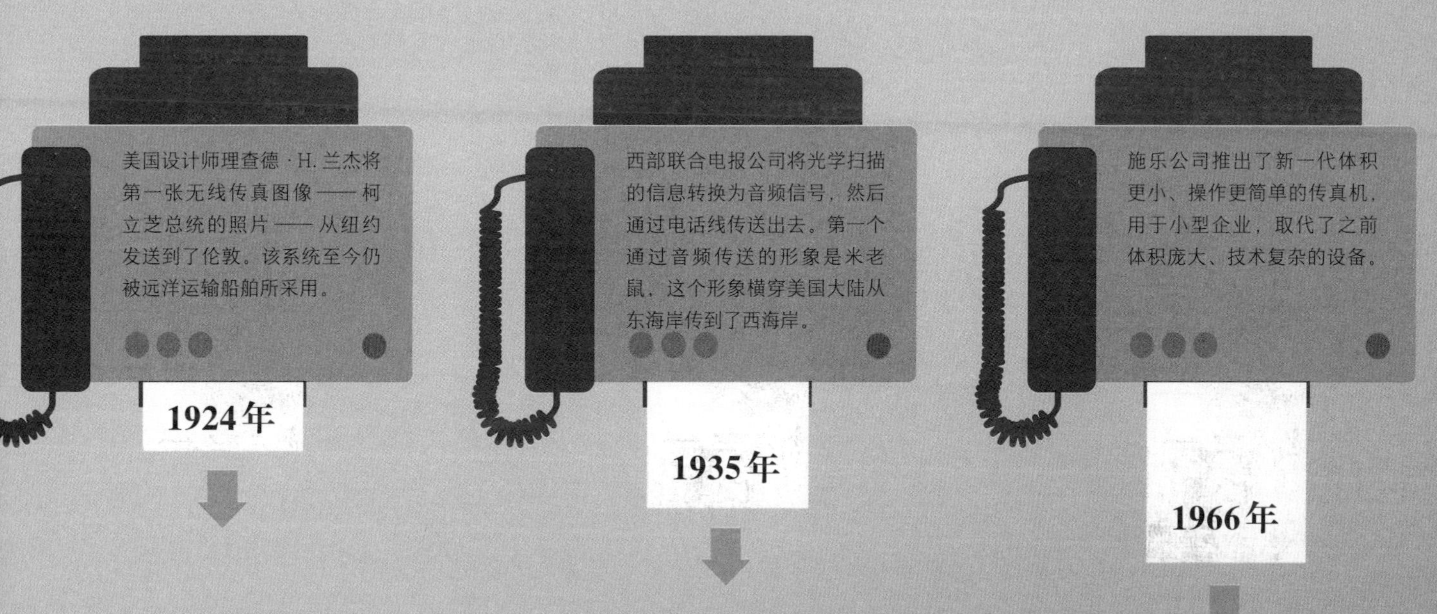

美国设计师理查德·H.兰杰将第一张无线传真图像——柯立芝总统的照片——从纽约发送到了伦敦。该系统至今仍被远洋运输船舶所采用。
1924年
西部联合电报公司将光学扫描的信息转换为音频信号，然后通过电话线传送出去。第一个通过音频传送的形象是米老鼠，这个形象横穿美国大陆从东海岸传到了西海岸。
1935年
施乐公司推出了新一代体积更小、操作更简单的传真机，用于小型企业，取代了之前体积庞大、技术复杂的设备。
1966年

4.4 缝纫机（1845年）

伊莱亚斯·豪（美国）

伊莱亚斯·豪借鉴了许多发明家的发明，制造了第一台实用的缝纫机。他想尽办法吸引英美两国投资人的兴趣，最终卖掉了这台机器。但是在1849年他回到马萨诸塞州后，发现他的创意已经流传开来，这意味着有人侵犯了他的专利权。

1856年，经过数次漫长的诉讼，主要的制造商——豪的公司、辛格公司和另外两家——同意将他们的各种专利合在一起共享。这为他们节省了一大笔律师费，并使他们在与其他制造商签订授权协议时赚取了更多的费用，那些制造商必须向这四家公司支付每台15美元的专利费。

1790

1790年，英国橱柜制造商托马斯·圣注册了一款用于缝制皮革和帆布的机器。但它可能最后并没有制造出来。19世纪80年代试图仿制也没有成功。

延伸阅读

虽然艾萨克·辛格不是缝纫机的发明者，但他无疑是一位工业先驱。他创办的胜家公司于1856年推出了第一款美国产缝纫机，是最早采用可通用零件批量生产的缝纫机之一。他还第一个采用了分期付款的购买形式，并且接受以旧换新的方式，引发了一轮销售热潮。

1830

1830年，法国裁缝巴特勒米·蒂莫尼耶发明了一种缝纫的机器，并申请了专利。1841年，其他裁缝们由于害怕失业，捣毁了他的工厂里的80台机器。

1833

1833年，美国工程师沃尔特·亨特发明了平针式缝纫机。由于担心它会导致失业，他没有进一步解决这个机器早期的一些问题，也没有申请专利。

1845

1845年，美国发明家伊莱亚斯·豪改进了亨特发明的缝纫机的平针缝纫法，更重要的是，他申请了专利。在此之前，缝纫机机针的穿线孔被设计在机针尾部，而伊莱亚斯·豪的高明之处在于，他将穿线孔的位置移到了针尖位置。

1851

1851年，艾萨克·梅里特·辛格改进了伊莱亚斯·豪的平针缝纫法，研制出了一种更可靠的缝纫方法。辛格在缝纫机机头增加了一个压脚和一个垂直于压脚的针，这样解决了缝纫过程中布料移位的问题。

4.5 拉链（1851年）

伊莱亚斯·豪（美国）

经过80多年的设计改进，拉链才成为今天的通用锁扣之物。1851年，美国缝纫机发明家伊莱亚斯·豪提出了拉链的设想，1893年，芝加哥工程师惠特科姆·L.朱迪森的一个朋友在系鞋带时遇到了麻烦，于是他也提出了拉链的构想。1913年，朱迪森手下的一名员工吉迪昂·森贝克在伊莱亚斯·豪发明的拉链基础上做了改进，将链齿数量从每英寸4个增加到10个。最初，拉链一直被用在鞋上，20世纪30年代以后它才被用在童装和裤子前裆开口上。

延伸阅读

“拉链”这个词是由橡胶靴制造商Goodrich & Co在1917年左右提出的。Goodrich & Co是最早使用吉迪昂·森贝克设计的拉链的企业之一。当时，吉迪昂·森贝克给拉链取了一个并不那么时髦的名字——“可分离的紧固件”。

鞋带

早期的衣服很可能是用木头或骨头做的粗别针，或者花边或线扎系的。公元前3500年，出现了带有鞋带的鞋子。

别针

别针不仅实用，而且具有装饰性。现存最早的别针大约有4000年的历史。青铜时代，人们用它来扎系搭在肩膀上的斗篷。

按扣

兵马俑的马笼头上使用了这种扣件。1885年，德国人赫伯特·鲍尔为用在裤子上的按扣申请了专利。

纽扣

最初，一排纽扣可以系到相对应的另一排的系带上。13世纪时，德国出现了第一个纽扣眼，当时流行紧身的衣服。

搭扣

搭扣（buckle）一词源于拉丁语buccula。这种扣子最早出现在罗马士兵的头盔绑带上，后来也被用在甲胄和外衣上。

魔术贴

这个发明源自瑞士工程师乔治·德·梅斯特拉在他的小狗身上得到的灵感。有一次，他看见他的狗在乡间嬉戏时，身上粘上了牛蒡的毛刺。受此启发，他在1941年发明了魔术贴。

拉链

拉链发明于1851年，并获得了专利，但并不完善；因为它的发明者伊莱亚斯·豪当时正把全部精力放在他的另一项发明——缝纫机上。

4.6 电梯（1853年）

伊莱沙·奥的斯（美国）

台阶和梯子通常是人类借以登高的方式，但是人类发明电梯最初其实并不是为了把人送往高处，而是为了满足运货的需求。

1853年，美国工程师伊莱沙·奥的斯发明了锁定安全滚轮，最初是为了防止电缆断裂时货物坠落，后来发现它可以为乘客提供安全保障。无齿轮牵引装置的发明，意味着人们可以建造更高的建筑。直到今天，大多数电梯仍在用这种装置。如果没有电梯，摩天大楼也就不可能存在了。

延伸阅读

奥的斯电梯公司是垂直升降电梯和自动扶梯领域的先驱。垂直升降电梯和自动扶梯的运行理念分别由杰西·雷诺和查理斯·西伯格在1892年和1895年提出。奥的斯自动扶梯在1900年巴黎世博会上获得一等奖。如果说垂直升降电梯成就了摩天大楼，那么我们是不是可以说，自动扶梯成就了购物中心和公共交通枢纽？

最大的客运电梯
2010年，三菱公司在大阪的阪急梅田办公楼安装了5部可以乘坐80人的电梯，每部的面积超过9.5平方米。这是当时世界上最大的电梯。

第一部安全电梯
1857年，伊莱沙·奥的斯在纽约百老汇488号五层高的埃德·豪伍特商场安装了第一部安全电梯。这部电梯在150多年后的今天仍在正常运行。

第一部客运电梯
第一部客运电梯叫飞行椅，1743年出现在凡尔赛宫。它利用平衡锤和滑轮可以将路易十五从一楼送到二楼他的情人的房间。

最高最快的电梯
迪拜的哈里发塔于2010年正式启用，里面共装有57部奥的斯电梯，其中包括当时世界上最高的电梯（504米）和最快的电梯（时速64.4千米，即每分钟1079米）。

第一部无齿轮牵引电梯
这种电梯由奥的斯电梯公司于1903年研发，这一创新意味着电梯井的高度不再受电缆长度的限制。

4.7 避孕套（1855年）

查尔斯·古德伊尔（美国）

很少有发明在给人们带来明显健康益处的同时，又备受道德上的谴责。从最初的形式来看，避孕套不是为性快感而设计的。日本早期的避孕套是由兽角或龟甲制成的，而古代中国的避孕套是用涂了油的丝绸做的。

意大利风流浪子贾科莫·卡萨诺瓦用动物肠膜作为避孕套材料，它虽然舒适，但很昂贵，因此它经常被人们清洗后重复使用。直到20世纪初这种避孕套才被大规模生产的乳胶避孕套所取代。20世纪60年代，随着女性避孕药的问世和“恋爱自由”精神的宣扬，避孕套的普及程度开始下降。但在20世纪80年代，艾滋病毒的出现再次凸显了避孕套的好处。

延伸阅读

避孕套在许多国家的销售曾多次受到限制。19世纪，由于美国联邦和州法律不允许出售避孕套，因此在第一次世界大战期间，美国军队没有发放避孕套。结果，到1918年欧洲战场的美军中有70%的人感染了性病。

1564年

意大利医生加布里埃尔·法罗皮奥在他的书《高卢病》中建议人们用亚麻布避孕套来预防梅毒的传染。

1855年

1844年硫化工艺发明后，橡胶轮胎制造商固特异公司通过缝制的方法，开始生产第一款橡胶避孕套。

约1925年

在美国，扬氏橡胶公司生产了第一个乳胶避孕套，比之前的橡胶避孕套更薄更光滑。在欧洲，杜蕾斯于1932年开始转产乳胶避孕套。

1957年

伦敦橡胶公司创立了杜蕾斯这个品牌，推出了第一款润滑式避孕套。杜蕾斯这个名字反映了其所追求的“耐用、可靠和卓越”的目标。

1994年

市场上出现了一种更薄更耐用的聚氨酯避孕套，这是伦敦橡胶公司（杜蕾斯）的又一项创新。这种避孕套不容易受到油性润滑剂的腐蚀，而乳胶或橡胶制品则易受油性润滑剂腐蚀。

4.8 塑料（1855年）

亚历山大·帕克斯（英国）

塑料重量轻，具有柔韧、耐用、无毒等特性，这使它在从休闲活动到医疗保健等人类活动的各个领域都得到了广泛应用。它可以被制成任何形状，因此它能很好地应用于造型设计。塑料的发明改变了我们的生活。

延伸阅读

你身上穿的衣服可能就是回收再利用的旧塑料瓶制造的！现代服装的面料可以用PET（聚对苯二甲酸乙二醇酯）制成，而碳酸饮料的瓶子通常用的就是这种材料。用旧饮料瓶来做衣服，这就是回收再利用。

帕克辛（1855年）
英国伯明翰的亚历山大·帕克斯发明了第一种人造材料——帕克辛。这是一种从植物纤维中提取的生物塑料，主要用于生产仿象牙制品。后来美国人约翰·韦斯利·海厄特在它的基础上发明了赛璐珞。

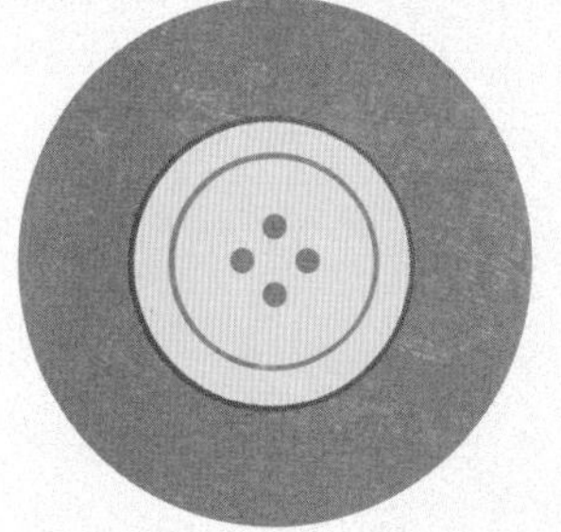

胶木（1907年）
比利时化学家利奥·贝克兰发明了第一种完全合成的塑料——胶木。它坚硬、结实，价格低廉，被广泛用于电话、钟表、收音机等物品的保护壳，也用来制作台球。

乙烯基（1926年）
PVC（聚氯乙烯）是在19世纪偶然被发现的，最初由美国俄亥俄州阿克伦市的百路驰公司生产。它可用于生产管道、旗帜、衣服和窗框等。

聚苯乙烯（1930年）
德国化工巨头法本公司开始利用石油生产聚苯乙烯。如今，从包装泡沫到CD盒，从玩具到乐扣密封罐，很多产品都是用这种材料制成的。

4.9 内燃机（1859年）

让·约瑟夫·艾蒂安·勒努瓦（比利时）

对内燃机的相关设计在19世纪中叶以前就有过零星的尝试，但真正使内燃机可以替代蒸汽机来提供动力，还要得益于石油的商业化开采和廉价石油的出现。由于内燃机严重依赖化石燃料，人们近年来一直在研究更高效的设计，甚至尝试采用替代能源和混合能源。但是，奥托四冲程循环——燃料的摄入、压缩、燃烧和排放——仍是发动机运行的基础，如今内燃机为从割草机到飞机、从发电机到潜艇的各种机器提供动力。

延伸阅读

电池的发明者亚历山德罗·伏特也曾展示过一种早期形式的内燃机。在18世纪80年代，伏特发明了一种玩具手枪，手枪中氢气和氧气混合，用火花点燃，产生膨胀的气体，形成推力，从枪管的末端发射软木塞，其方式与火花塞点燃燃料驱动发动机活塞的形式完全相同。

汽车——1885年

卡尔·本茨被公认为汽车的发明者。他研发的内燃机为第一辆汽车提供了动力。1885年，他在德国曼海姆制造出第一台汽油动力三轮汽车，这款汽车于1888年开始批量生产。人们的生活由此被改变了。

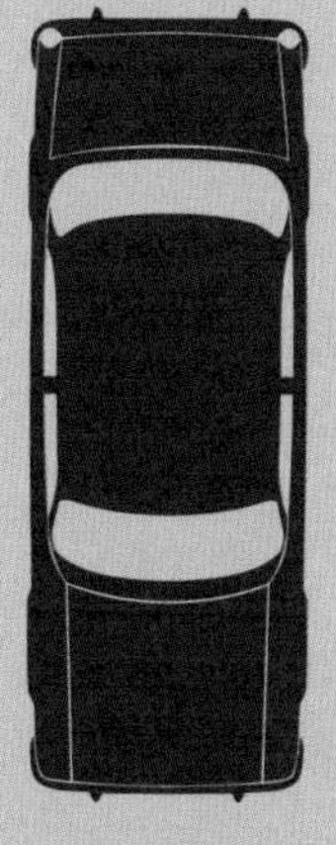

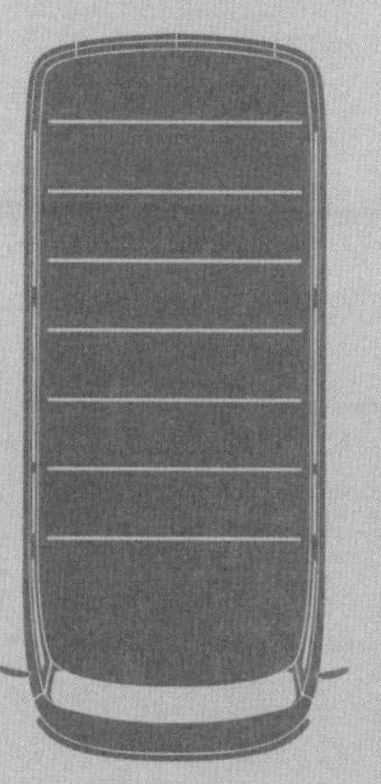

1859 年

比利时工程师让·约瑟夫·艾蒂安·勒努瓦对蒸汽机进行了改进，用煤气代替蒸汽。煤气在燃烧时会在活塞气缸内产生膨胀。

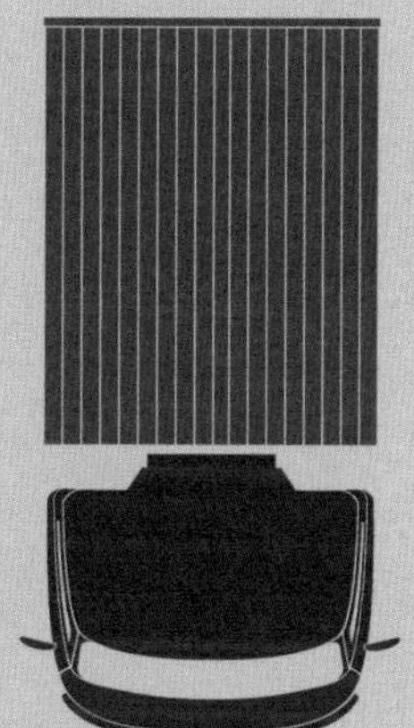

1861 年

德国发明家尼古拉斯·奥托对勒努瓦的设计做了改进，使内燃机能够在液体燃料和空气混合下运行。1861 年，奥托制造出第一台四冲程内燃机。

1897 年

德国发明家鲁道夫·迪塞尔发明了一种效率更高的内燃机。在这种内燃机中，燃料不是用火花点燃的，而是通过压缩生热点燃的。

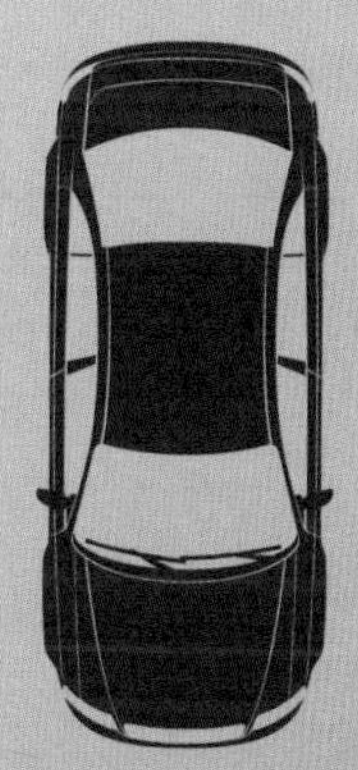

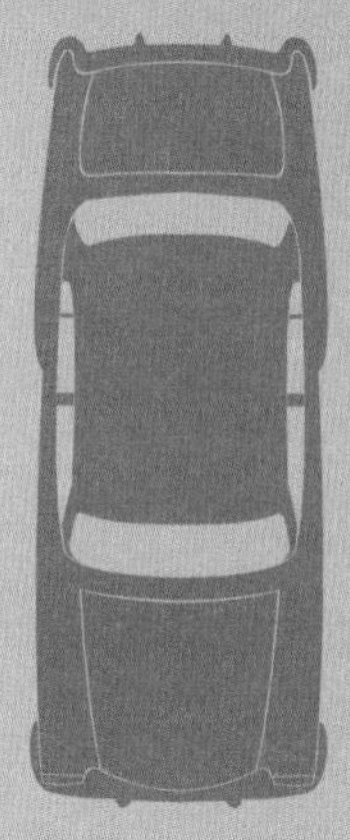

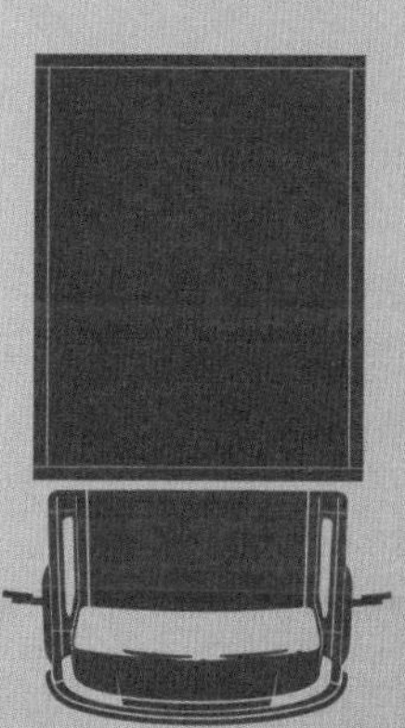

1929 年

德国人菲力斯·汪克尔为自己设计的更简单、更小巧、运行更顺滑的转子发动机申请了专利。然而，这款四冲程三缸发动机直到 1957 年才制造出来。

4.10 打字机（1874年）

克里斯托夫·莱瑟姆·肖尔斯（美国）

克里斯托夫·莱瑟姆·肖尔斯设计的打字机是第一款在市场上取得成功的产品。在此之前，包括他在内的许多人发明试验过100多台类似的机器，其中有很多是为了帮助盲人能够写字。打字机的成功最终体现在商业服务方面，它为女性提供了一个新的、受人尊敬的职业——打字员，还推动了速记技能的普及。在不到100年的时间里，打字机成为了改变办公室工作方式的核心角色，为女性走入社会提供了新的机会。

延伸阅读

为了节省成本，早期的打字机在键盘上省略了一些“不必要”的字符。例如，打字员要用小写字母l来表示数字1；用大写字母O来表示数字“0”；感叹号则要用撇号、退格和句号这三个键才能打出来。

打字机的发展

1714年，英国发明家亨利·密尔发明了一种“抄写字母的机器”，并申请了专利。尽管他做了一个模型，但没有任何细节留传下来。

美国报纸编辑和印刷工克里斯托夫·莱瑟姆·肖尔斯将他发明的“肖尔斯与格里顿”打字机的专利权以12000美元的价格卖给了雷明顿公司（一家生产缝纫机和步枪的公司）。肖尔斯的赞助人詹姆斯·登斯莫尔则通过专利授权赚了150万美元。

在将专利权卖给雷明顿公司之前，肖尔斯为他的打字机设计了“qwerty”这样的键盘布局，后来又有一些调整，最终成为我们今天所见到的键盘布局。20世纪30年代，华盛顿大学实验心理学教授奥古斯都·德沃夏克博士提出了一种新方案，可以让打字速度提高35%，但这种方案并不流行。

1928年，雷明顿公司拒绝了生产第一台电动打字机的长期合同，这种打字机是由堪萨斯城的詹姆斯·菲尔兹·斯马瑟斯在1914年发明的。后来，通用汽车公司的一家子公司获得了这个合同，这家公司就是著名的“电动打字机公司”，于1933年被IBM收购。

20世纪60年代，IBM将电动打字机命名为“文字处理器”，但随着计算机的出现，IBM在1990年将打字机业务卖给了利盟公司（Lexmark）。

4.11 电话（1876年）

亚历山大·格拉汉姆·贝尔（美国）

电话改变了人类交流信息的方式，加速了社会变革和思想发展。很难想象有哪一项发明能对我们今天的生活产生比它还大的影响，也就不奇怪有那么多的人声称自己最先发明了电话。

以利沙·格雷和亚历山大·格拉汉姆·贝尔都在1876年2月14日这一天向美国专利局递交了专利申请。两人都解决了人类语言中复杂的音频层问题。

西部联合电报公司拒绝了仅需10万美元就可以买下专利的机会，声称电话永远不会流行，结果贝尔电话公司在后来借此获得了蓬勃发展。

1854年
查尔斯·布瑟尔（法国）
“我提出了一种通过电流传递声音的方案。”

1837年
查尔斯·格拉夫顿·佩奇（美国）
“我利用电流通过磁极之间的导线来传送声音。”

1831年
迈克尔·法拉第（英国）
“我证明了金属物体的振动可以转化为电脉冲。”

延伸阅读

法院驳回了600多起向贝尔电话公司提出索赔的诉讼要求。其中最奇特的是来自宾夕法尼亚州的、在自家后院搞发明的发明家丹尼尔·德鲁堡的诉讼。1888年，德鲁堡宣称自己在1867年就发明了电话，是用一个茶杯作为信号发射器。当然，这个诉讼请求最终被驳回。

1854年
安东尼奥 · 穆奇（意大利/美国）
“我发明了一种电磁装置，我称之为telettrofono，但我没钱继续研究下去了。”

1860年
约翰 · 菲利普 · 里斯（德国）
“我利用隔膜、指针和电触点来传送音乐和语音。”

1864年
因诺森佐 · 曼泽蒂（意大利）
“我发明了一种语音电报机，它可以把声音传送到一种自动机器的人口中。”

1874年
保尔 · 拉 · 库尔（丹麦）
“我在哥本哈根和日德兰之间的电报线路上进行过音频电报试验。”

4.12 麦克风（1876年）

艾米尔·贝利纳（美国）

麦克风可以把声波转换成电流。电流的变化反映了声波频率的变化。使电流发生变化的介质叫换能器，它是麦克风捕捉声音的关键元件。

最初麦克风是用金属条和酸性液体作为换能器，通过简单地改变电子端的距离来实现其功能。后来，贝利纳改用碳颗粒，碳能使声音的传输效果更稳定。

麦克风技术不断取得新的发展，人们利用光纤和激光等新介质来追求更完美地捕捉人类的声音。

碳颗粒

1876年，美国发明家艾米尔·贝利纳为贝尔发明的电话设计了第一个麦克风。由柔性膜捕获的声波与话筒中的碳颗粒发生作用，从而改变电阻。

电容器

贝尔实验室的爱德华·克里斯托夫·温特在1916年发明了电容式麦克风。这种麦克风的膜片直接振动，充当了部分电容器，从而引起电流变化。这种麦克风用途广泛，既可以用在电话上，也可以进行高保真录音。

晶体

压电式麦克风使用的不是碳颗粒，而是采用对声波压缩产生电反应的晶体。它最初被海军用来进行声呐探测，现在我们也可以在录音机的拾音头和乐器拾音器中看到它的身影。

延伸阅读

当麦克风不仅拾取原始声音，而且拾取到扬声器传回来的声音时，就会产生那种刺耳的反馈噪声。

反馈噪声的音质取决于相关设备的共振频率和发生的环境。有经验的摇滚乐手可以通过控制这种声音回传来取得良好的音乐效果，不熟练的人则根本做不到。

薄带

20世纪20年代，为了满足通讯对音质的要求，德国物理学家肖特基和格拉赫在磁极之间用一条柔软的薄带代替了碳颗粒。声波震动薄带可以产生可变的电流。

电磁铁

爱德华·克里斯托夫·温特发明的动圈式麦克风采用了与薄带式麦克风相同的原理，但是连接到振动膜上的感应线圈可以在磁场中移动。这种麦克风结构牢固，声音回传速度慢，很适合在现场演出的时候用。

驻极体

驻极体是一种自身永久带有电荷的含铁材料。1962年，格哈德·M.塞斯勒和吉姆·韦斯特在贝尔实验室率先将其用于麦克风。这种麦克风性能稳定、成本低廉，大多数手机和电脑的麦克风用的都是这种材料。

第五章

从留声机到飞机

1877—1903年

5.1 留声机（1877年）

托马斯·爱迪生（美国）

发明了留声机之后，托马斯·爱迪生很快就看到了录音的潜力。他预见了录音在许多方面的应用，例如语音邮件、有声读物、家庭成员的档案录音、办公室的口述速记，还有语音时钟。

在20世纪的大部分时间里，留声机的最大用途是娱乐。早期的唱片由硬橡胶或者常见的脆性虫胶制成。1904年出现的所谓“无损音质”唱片，是一种涂有赛璐珞的硬纸板唱片，里面含有音轨。第一张黑胶唱片是为1939年的一个香烟广告制作的，邮寄给了电台。

延伸阅读

最早的一次录音以前从来没有被人听到过。2008年，科学家扫描并数字化处理了1860年4月9日由声波记振仪记录下来的波形，使它第一次能够被播放。事实证明，这首歌是法国民谣《月光曲》的翻唱版，由爱德华–莱昂·斯科特·德·马丁维尔录制。

1857年1月26日

法国书商爱德华-莱昂·斯科特·德·马丁维尔发明了声波记振仪，可以记录声音。它的工作原理是：当接收到声音时，安装在振膜上的录音针会在用烟熏黑的玻璃上记录声波的波形。这种声波记振仪只能将声音记录为可视的形式，但无法播放。

1877年4月30日

法国诗人夏尔·克罗设计的留声机尽管没有造出来，但它却提供了一种思路：利用酸蚀技术由录音针在金属上留下声波振动的痕迹，然后再将拾音针在音轨上的振动传递给振膜，从而实现声音的回放。

1877年11月21日

在电话和电报的基础上，美国发明家托马斯·爱迪生发明了留声机。这种留声机内部安装了一个包裹了锡箔的圆筒，通过录音针在锡箔上记录下一条螺旋式的音轨，从而实现声音的记录和回放。

1885年6月

美国工程师奇切斯特·贝尔和查尔斯·泰恩特改进了爱迪生发明的留声机，采用的是蜡涂层录音筒。他们成立了一家公司，最终生产出了第一台办公室录音机。

1887年5月

美国德裔发明家艾米尔·贝利纳发明的留声机用水平放置的圆形镀锌磁盘取代了爱迪生留声机里的圆筒。录音时，利用酸腐蚀出螺旋式的音轨，在此基础上可以实现声音回放。事实证明，圆形的磁盘比圆筒更便于批量生产。

5.2 灯泡（1879年）

托马斯·爱迪生（美国）和约瑟夫·斯万（英国）

世界各地的科学家进行了75年的试验后，大西洋两岸的两个人几乎同时发明了灯泡。英国北部的约瑟夫·斯万和美国的托马斯·爱迪生都在1878年为灯泡申请了专利，并且都在1879年展示了其发明的白炽灯泡。后来，人们又用惰性气体取代了原来灯泡内部的真空形式，用钨丝代替了碳丝。1934年，荧光灯问世。不同于白炽灯燃烧发光的特性，荧光灯发的是冷光。我们今天的节能灯采用的也是同样的原理。

火把
40万年前
火把使人类无论在夜晚的营地还是洞穴，都可以在黑暗中探索周围的环境。

延伸阅读

在发明的过程中，科学家的想象力就像高悬在脑海中的指路明灯，我们称这种想象力为天才的花火。灯泡这种发明就是有力的例证。

篝火
40万年前
早期的人类学会了如何点火，从而制造出第一个可控的热源和光源。

太阳和月亮
虽然这些光源很容易获得，但它受到云层和地球相对位置的限制，不在人类可控范围之内。

油灯
公元前1万年
把灯芯点燃，放在盛有植物油或鱼油的盘子里能产生稳定的火焰。

蜡烛
约公元前300年
用蜡或鲸脂包裹的灯芯便于储存，也便于安全携带。

天然气
4世纪
中国人利用竹管将天然气输送到家中以供照明。

煤气
1792年
威廉·默多克是工程师詹姆斯·瓦特的员工，他是第一个将煤气用于家庭照明的人。

电灯
1802—1809年
19世纪初，英国发明家、化学家汉弗里·戴维爵士进行了一系列关于电对各种化合物影响的试验。1809年，他向英国皇家学会展示了他发明的电灯（实际上是一种电弧灯）。

5.3 充气轮胎（1888年）

约翰·邓禄普（英国）

早期的自行车是硬轮的。约翰·邓禄普最先发明了充气橡胶轮胎，他是为了缓解儿子骑实心木轮自行车时颠簸造成的头痛。

1906年，人们把这种轮胎应用到了飞机上。从1900年起，制造商们开始尝试在轮胎的橡胶壁上用钢丝加固，最初是沿轮胎行驶方向铺设，后来改为交叉铺设，最后在1947年采用了径向铺设（即从轮胎的一边到另一边）。1937年第一个合成橡胶轮胎问世，之后人们不断研发其他人造材料，进一步提高了轮胎的耐用性和效率，使我们能够快速、舒适地到达要去的地方。

延伸阅读

最初，人们将加热的金属带捆在木质车轮外侧，金属带冷却时会收缩，从而起到加固车轮的作用。

1891年

查尔斯·特朗使用了法国工程师米其林兄弟设计的新型可拆卸充气轮胎，赢得了首届从巴黎到布雷斯特长距离折返自行车比赛。四年后，米其林兄弟生产了第一款汽车轮胎。

1888年

英国苏格兰的兽医约翰·邓禄普把用帆布和橡胶做的充气管绑在儿子的三轮车轮子上，从而发明了气垫式橡胶轮胎。第二年，阿尔斯特自行车手威利·休姆用装有这种轮胎的自行车赢得了好几场比赛，充分证明了这种轮胎的优势。

1847年

自学成才的苏格兰工程师罗伯特·威廉·汤普森在伦敦海德公园展示了一种用皮革包裹的充气橡胶管，它可以安装在马车上。但由于当时缺少薄橡胶，汤普森不得不转而研究实心橡胶车轮。

1839年

美国实业家查尔斯·古德伊尔偶然间发现硫化橡胶的强度和弹性都很好。于是用它来制造自行车和长途汽车的实心轮胎。1844年英国制造商托马斯·汉考克也发明了类似的技术。

5.4 电热水壶（1891年）

卡朋特电气公司（美国）和克朗普顿公司（英国）

英国于1881年首次引入了公共电力供应系统。随着电灯的广泛应用，有创新头脑的人开始设计发明供家庭使用的电器。19世纪80年代，有许多关于电热水器的专利记载，尽管还不清楚其中是否真的有被研制出来并进行销售的。最早的一个可能是1886年英国电气工程师莱恩–福克斯先生发明的煮蛋器。

最早的电热水壶与其说是实用的厨房用具，不如说是一种新奇的玩意儿。它非常昂贵，而且烧开0.5升的水需要20分钟。此后20年，人们通过不断研发改进更高效的水壶设计和更先进的电气工程，将烧水过程缩短到10分钟之内。直到20世纪20年代Bulpitt & Sons公司开始采用浸入式加热方式，电热水壶才真正开始在效率和便利性上与传统的炉盖式水壶形成竞争。今天的电热水壶能在一分钟内完成加热过程。

延伸阅读

应用在第一个电水壶上的电阻丝技术，目前仍用在另一种必不可少的厨房用具——烤面包机上。最早的烤面包机只能单面烘烤。1913年自动化面包机问世，1919年弹出式面包机问世。1925年，美国的沃特斯·根特公司研发生产了一种双侧烘烤面包机，可自动弹出面包并断电。三年后，切片面包机也被研制出来。

烧水工艺的突破

1955年

英国电器生产商领豪推出了第一款带有自动断电装置的水壶，以避免水烧干或触电的风险。

1922年

英国Bulpitt & Sons公司生产了第一个带有加热元件的水壶，当时的加热元件被设计在水壶底部与水隔离的位置。

1891年

美国明尼苏达州的卡朋特电气公司和英国南部的克朗普顿公司分别推出了各自的电热水壶产品，是利用底部涂了漆的电阻丝来加热的。

5.5 髋关节置换假体（1891年）

泰米斯托克利斯·格鲁克（德国）

尽管泰米斯托克利斯·格鲁克发明的象牙关节只能在短期内缓解结核性骨坏死，但它证明了手术不一定是破坏性的，也可以是重建性的。格鲁克的尝试鼓励了后来的创新者不断改进人造关节的设计和材料。约翰·查恩利取得的突破性成果奠定了现代髋关节置换手术的基础，约翰·英索尔则为今天的膝关节手术开辟了道路。

进入21世纪后，人们的研究集中在髋关节置换假体的灵活性和耐用性上，以及如何加速术后恢复。如今，每年都有成千上万的患者通过关节置换手术减轻了病痛。

1891年
德国关节置换先驱
泰米斯托克利斯·格鲁克在患者患结核的髋部、膝部、肘部和腕部植入了几个象牙人工关节。

1925年
美国波士顿的外科医生马吕斯·尼加德·史密斯-彼得森在股骨头上添加了一个空心的玻璃半球，就像为之设计了一个插座。

1936年
一种新型钴铬合金——维他灵被发明出来，它耐腐蚀，适合做体内人工关节。

延伸阅读

1893年，法国医生朱耳·贝安最先成功地为患者做了肩关节置换手术。他十分推崇泰米斯托克利斯·格鲁克的方法。贝安最初是建议患者截肢，但这位病人是以端食物和饮料为生的巴黎服务员，执意要保住手臂，病人的这个要求是可以理解的。

1958年
英国外科医生约翰·查恩利进行了第一例全髋关节置换手术，用的是不锈钢、特氟隆和牙胶。

1968年
查恩利的学生、加拿大骨科医生弗兰克·冈斯顿，在1968年使用金属与塑料的复合材质进行全膝关节置换。

1972年
英国人约翰·英索尔设计了一种膝关节，这种关节可以将大腿骨、小腿骨和膝盖骨较好地衔接起来。

5.6 助听器（1892年）

阿隆佐·米尔蒂摩尔（美国）

号角式助听器至少在400年的时间里一直是解决听力问题的辅助仪器，这是一种手持式放在耳后的复杂装置。一直以来，听力障碍人士渴望能有更便捷的方法来解决听力问题。19世纪末，电话技术催生出了第一个佩戴在人体上的助听器——一种连接到磁性耳机上的碳质麦克风。随着电子技术的发展，助听器也用过三极管、压电麦克风和晶体管，而集成电路、微处理器和驻极体麦克风的出现，使得助听器可以体积更小、音质更好。

1892年
美国纽约的阿隆佐·米尔蒂摩尔设计的“磁性电话”是首个获得专利的佩戴式电子助听设备。尽管这项设计从未被实际投入生产，但许多在设计上和它类似的产品后来陆续被制造了出来。

1812年
法国外科医生让·玛丽·贾斯帕发明了一种助听器，这种助听器可以分别安装在听力障碍者和与之对话的人的牙齿上。当对话者说话时，声音产生的振动会通过助听器传到听力障碍者的耳蜗。

1836年
英国发明家阿方斯·韦伯斯特发明了一种放置于耳后的助听器。1855年，爱德华·海德发明了一种头戴式听筒，并在美国申请了专利。

1624年
关于助听器最早的文字记载是由法国牧师让·勒雷雄编写的如何正确使用号角式助听器的说明。贝多芬就是最早使用这种助听器的人之一。

1957年

法国外科医生安德烈·朱诺操刀了第一例人工耳蜗植入手术。人工耳蜗是一种电子设备，可以直接深度刺激失聪人的内耳。

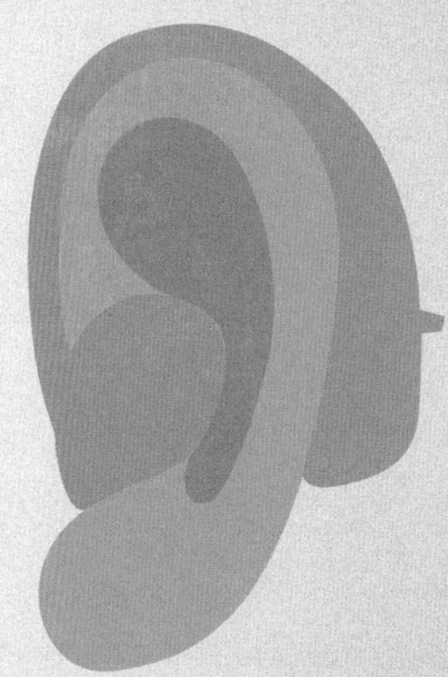

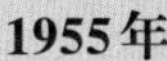

1955年

达尔伯格公司推出了第一款入耳式助听器——“D-10奇迹之耳”。它重14克，内置三个晶体管、一个麦克风和一个接收器。

延伸阅读

1963年，一直专业生产助听器的伦敦F. C. Rein & Son公司停止生产号角式助听器，它是最后一家生产该类型助听器的公司。1819年，这家公司为葡萄牙国王设计了一个声学座椅，这个座椅在扶手和坐垫上有一个中空的共振室，为国王提供了隐蔽的听筒。

5.7 电影（1893年）

托马斯·爱迪生（美国）

法国摄影机制造商卢米埃尔兄弟可能不是电影技术的发明者，但他们肯定是电影艺术的开拓者。1893年，多产的美国发明家托马斯·爱迪生发明了早期电影放映机，那是一种只供单人观看的移动画片的小机器。1895年，卢米埃尔兄弟——奥古斯特和路易——研发了一种投影仪，能够让让很多人同时观看运动的影像。

多人观影的实践推动了电影业的发展，使看电影成为了一种大众娱乐项目。电影业的竞争十分激烈，这种竞争促进了电影制作质量的提高，同时也刺激了对新奇效果的追求，催生了有声电影和3D电影，以及其他更新颖的电影技术。

第一部动态影像

1892年到1900年间，法国教师查尔斯·埃米尔·雷诺用他的活动视镜（卢米埃尔放映机的前身）向公众播放了500帧的电影片段。

第一部3D电影

1922年，电影《爱的力量》在洛杉矶上映，这部电影采用了红-绿立体影片的模式。这种新奇的观影效果在20世纪50年代、70年代和21世纪初以各种形式呈现。

第一部有声电影

继1926年有声的实验短片和新闻短片（包括音乐、说话声和背景音）之后，1927年上映的《爵士歌手》是第一部有声电影长片。

延伸阅读

尽管电影在20世纪才进入大众视野，但投影的概念早在15世纪就有了。当时，威尼斯的工程师乔瓦尼·丰塔纳用一盏灯把魔鬼的形象投射到墙上。在之后的400年里，魔术师和江湖骗子都热衷于使用这种方法。

第一部宽银幕立体电影

1952年，宽银幕立体电影推出，它用三个投影仪和一个巨大的曲面屏幕，制造了一场全方位的视觉盛宴。很快，与其类似的产品"陶德宽银幕"和"维士宽银幕"等相继问世。

第一部巨幕电影

在日本大阪举行的1970年世博会上，加拿大IMAX公司在22米×16米的巨幕上放映了电影《虎之子》。观众在观看此影片时产生了眩晕感。

第一部环绕立体声电影

1974年，第一部环绕立体声电影《大地震》推出，它改变了观众接收声音的方式（低音音符不是用耳朵听到的，而是通过音频震颤感觉到的），从而制造出震撼的效果。

5.8 无线电（1893年）

尼古拉·特斯拉（美国）

没有电磁波，就不会有电视、卫星导航和雷达，也不会有微波炉、手机和太空望远镜，更不会出现今天的流行音乐产业和全球性的名人。

无线电的发明是人类强烈渴望交流、分享知识和信息的必然产物。它的历史就是人类各项理论和技术创新的融合史：从麦克斯韦的电磁理论，到1955年索尼的第一台袖珍晶体管收音机；从1895年马可尼的第一个远程无线电天线，到今天无处不在的卫星天线。

延伸阅读

1898年，在纽约麦迪逊广场花园举行的一场大型电气展览上，尼古拉·特斯拉展示了世界上第一辆“无线遥控运载工具”，那实际上是一艘遥控船，他起名为teleautomaton。1915年，特斯拉还构想出“无人驾驶战机”，但这个东西直到50年后的1964年才在越南出现。

无线电先锋

1893年，塞尔维亚裔美国人尼古拉·特斯拉展示了原始的无线电信号；英国科学家欧里佛·洛兹和亚历山大·穆尔黑德于1894年进行了论证；1895年，俄国物理学家亚历山大·波波夫发明了接收器，这种接收器还充当过闪电探测器。

马可尼

意大利发明家古列莫尔·马可尼以前人的创新为基础，分别于1899年和1901年实现了跨越英吉利海峡和大西洋的突破性传输，展示了无线电的潜力。

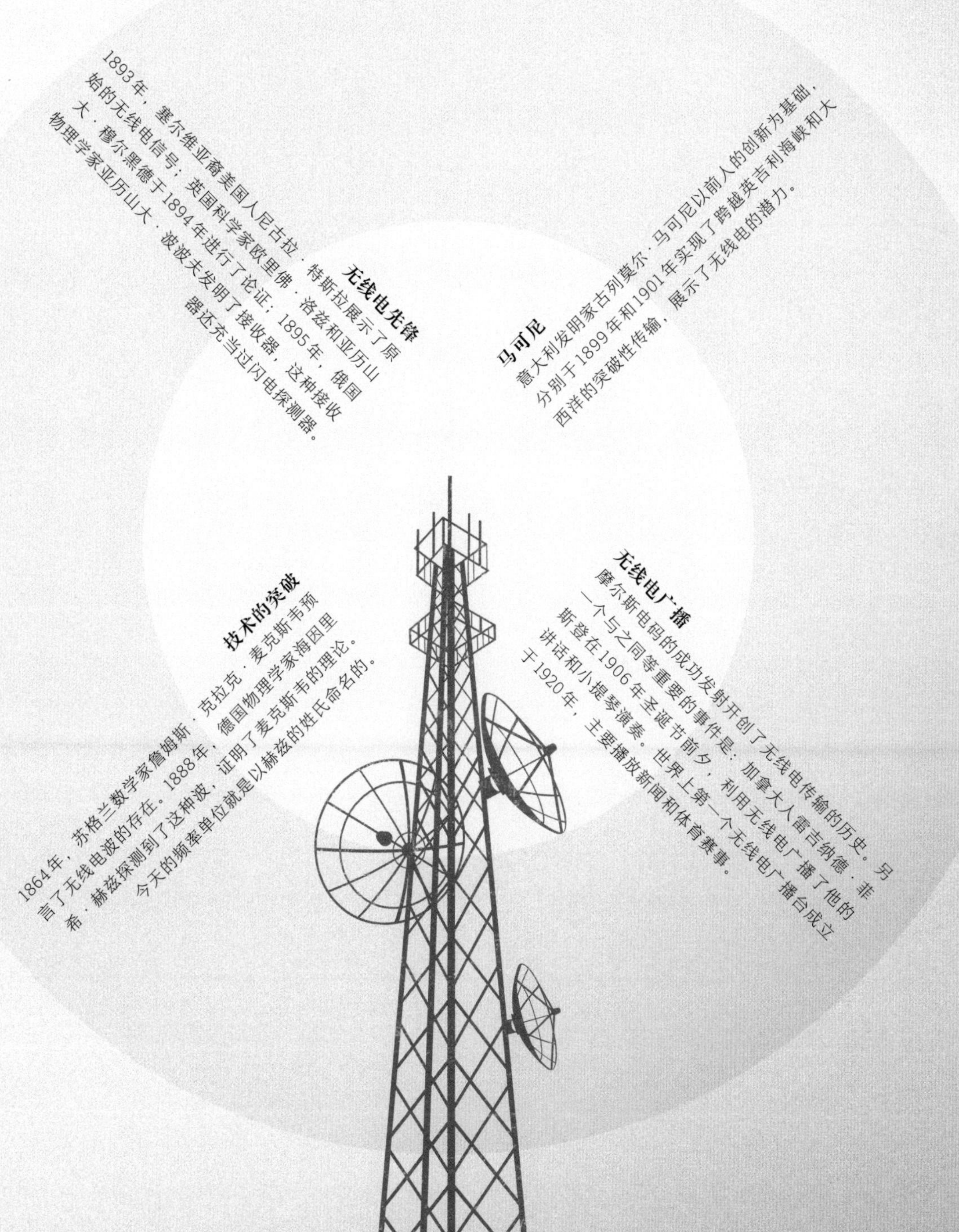

技术的突破

1864年，苏格兰数学家詹姆斯·克拉克·麦克斯韦预言了无线电波的存在。1888年，德国物理学家海因里希·赫兹探测到了这种波，证明了麦克斯韦的理论。今天的频率单位就是以赫兹的姓氏命名的。

无线电广播

摩尔斯电码的成功发射开创了无线电传输的历史。另一个与之同等重要的事件是：加拿大人雷吉纳德·菲斯登在1906年圣诞节前夕，利用无线电广播了他的讲话和小提琴演奏。世界上第一个无线电广播台成立于1920年，主要播放新闻和体育赛事。

5.9 X射线（1895年）

威廉·伦琴（德国）

早在1875年，几位科学家在利用放电管进行实验时，就观测到了X射线，但他们的主要兴趣是在阴极射线上。后来，德国物理学家威廉·伦琴对它进行了系统研究。由于不知道如何命名这种射线，伦琴便称之为“X”。后来，一些国家把它称为“X射线”，而有些国家为表达对伦琴的敬意，将这种射线称为“伦琴射线”。

1895年，伦琴注意到，即使在荧光屏和X射线之间设置一道屏障，X射线也会透过屏障投射到荧光屏上。于是，他以妻子为试验对象，为她的手骨拍摄了第一张X光片。如今，X射线的用途远远超出医学领域，也被用在机场安检和深空探测上。另外，DNA双螺旋结构的发现也得益于X射线。

延伸阅读

X射线最常用在医学诊断和治疗上。英国工程师戈弗雷·亨斯菲尔德在1971年发明了计算机轴向断层扫描技术（CT），通过轴向断层扫描，人们可以用X射线来检查身体的横截面，这一技术改变了我们对身体工作原理的理解。一些历史学家认为，亨斯菲尔德在百代实验室进行的这项研究是由披头士乐队资助的，因为披头士乐队成立的苹果唱片公司由百代娱乐部门负责发行业务。

电磁波谱

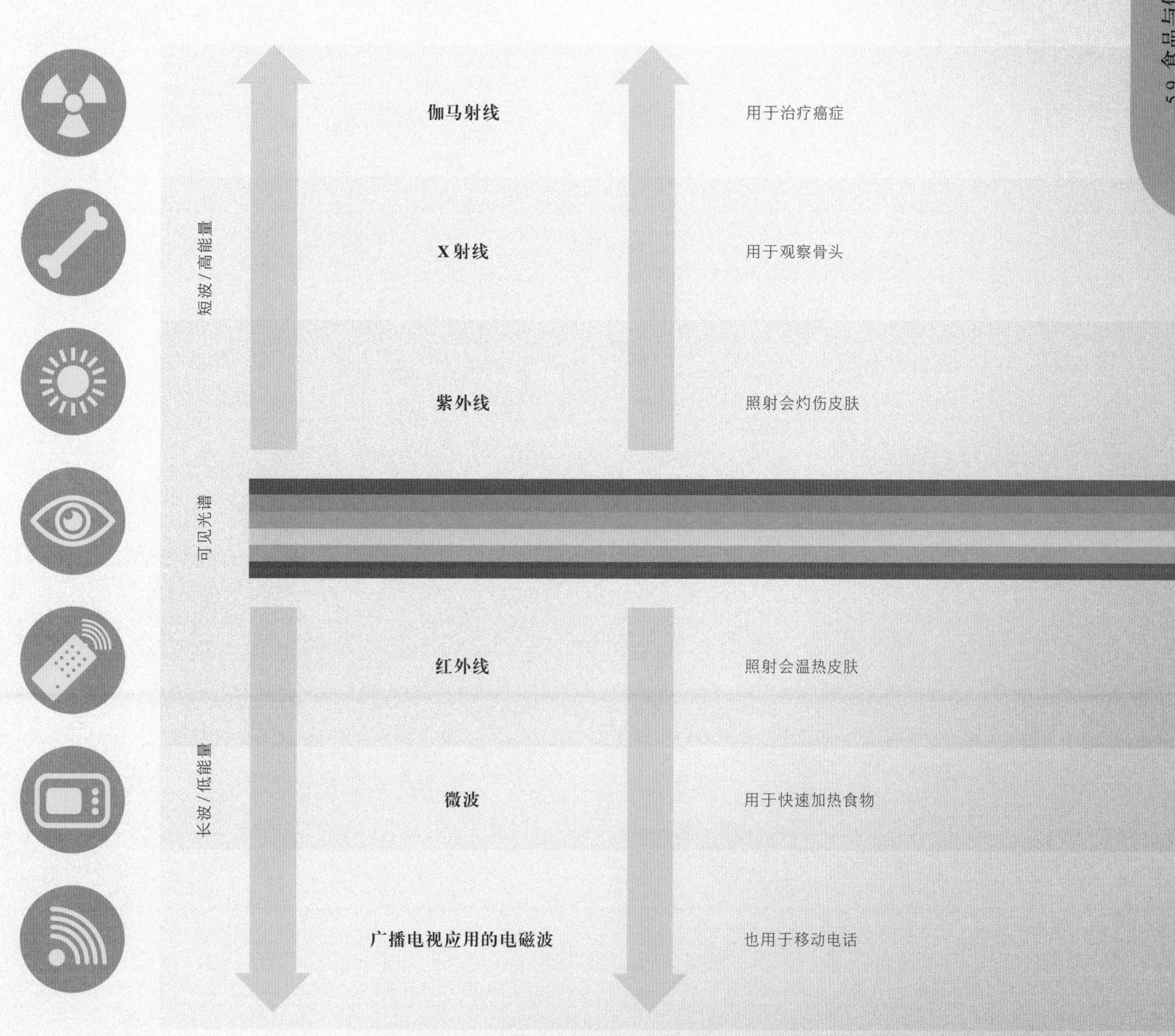
短波 / 高能量
伽马射线
用于治疗癌症
X 射线
用于观察骨头
紫外线
照射会灼伤皮肤
可见光谱
红外线
照射会温热皮肤
长波 / 低能量
微波
用于快速加热食物
广播电视应用的电磁波
也用于移动电话

5.10 洗衣机（1900年）

发明者不详（美国）

在河边的岩石上敲打衣服这种古老的洗衣方式，由洗衣机的发明而实现了机械化。之前，污渍通过洗衣粉的作用，或是通过在岩石上摔打摩擦衣服，而开始瓦解，最终被水流带走，这个过程现在可以在洗衣机的滚筒里实现了。你不必再费力地提着桶去打水，然后用上几个小时来敲打又重又湿的衣服。英国2011年的一项调查显示，洗衣机成为有史以来最受欢迎的发明。不过遗憾的是，它的发明者至今仍不为人所知。

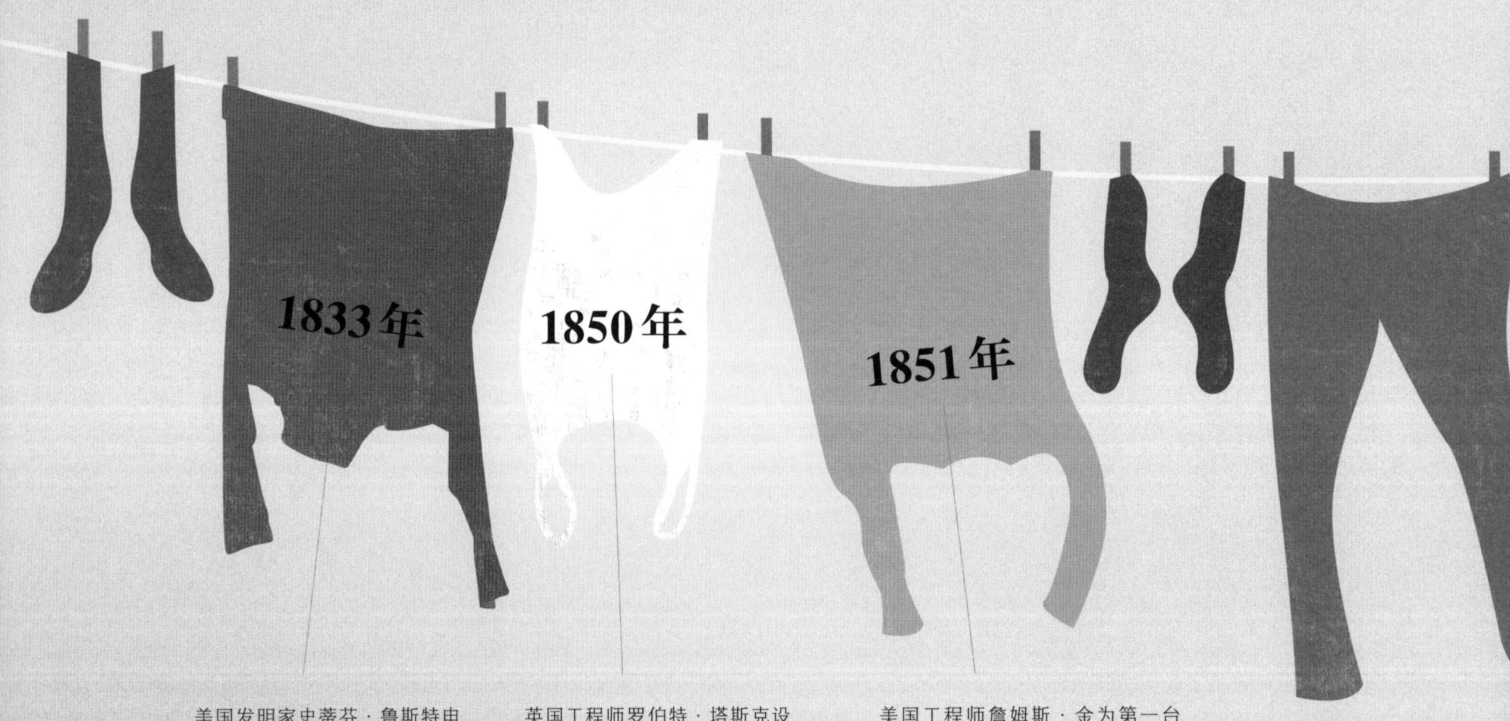

美国发明家史蒂芬·鲁斯特申请了金属洗衣板的专利。而木制的搓衣板在北欧早已用了几个世纪。

英国工程师罗伯特·塔斯克设计了一个齿轮传动装置，用于甩干湿衣服。

美国工程师詹姆斯·金为第一台拥有今天人们熟悉的滚筒的洗衣机申请了专利。但是它的洗衣过程很复杂，仍需要手动操作。

延伸阅读

洗衣机的用水量引起了人们对环境的关注。洗衣机效率的提高大大减少了水的用量，早期的洗衣机洗一次衣服需要用150升水，而今天只需要50升。据记载，在19世纪，一个洗衣女工在洗衣服时需要用200升左右的水。这么来看，相较于那个年代，如今的洗衣过程对环境确实更加有益。

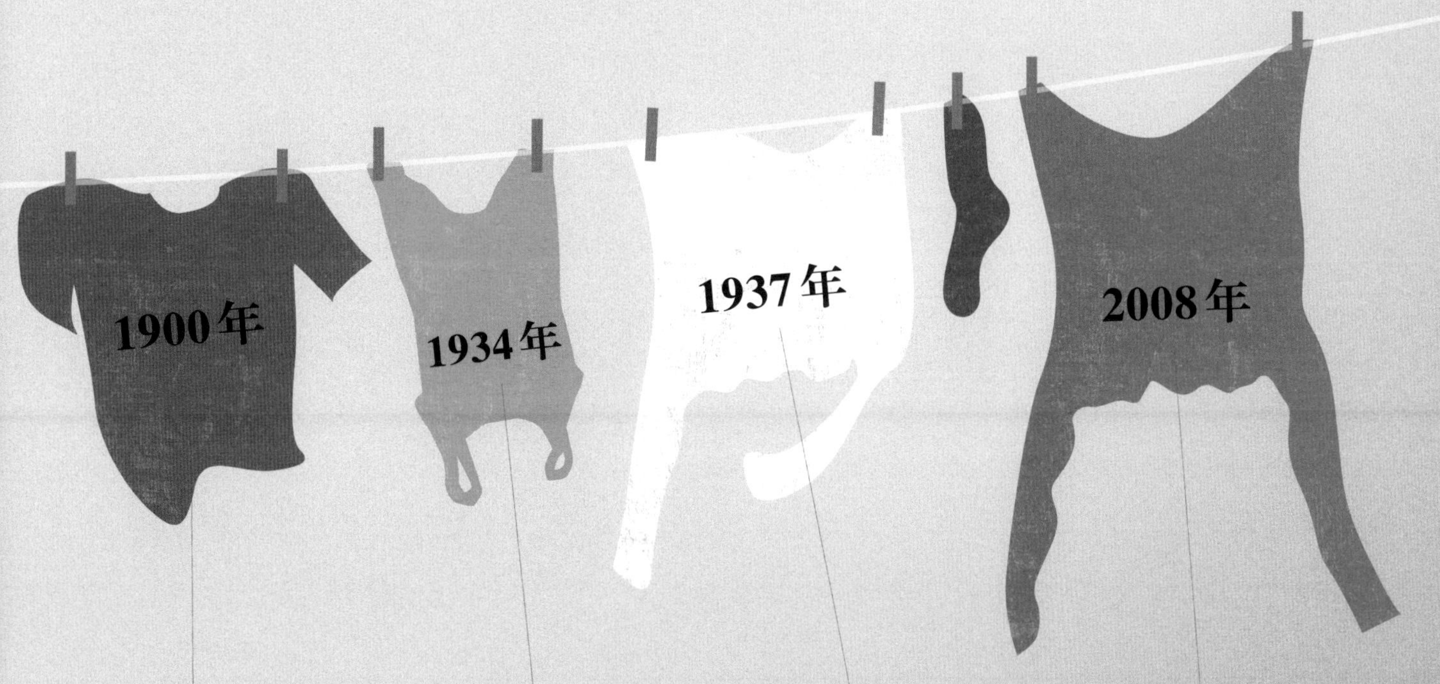

在20世纪的头十年中，出现了第一台使用电动马达的洗衣机，人们在洗衣过程中再也不会腰酸背痛了。

第一家自助洗衣店在美国得克萨斯州沃斯堡开业。在英国，公共洗衣房在19世纪就有了，但第一家自助洗衣店出现于1949年。

在美国，Bendix公司推出了第一台全自动洗衣机。它意味着在整个洗涤过程中，人都不需要在场了。

英国化学家史蒂芬·布尔金肖发明了一种洗衣方法，在洗衣服的时候加入一些尼龙珠，则只需要传统洗衣机2%的水，差不多一茶杯的量。

5.11 真空吸尘器（1901年）

休伯特·塞西尔·布斯（英国）

真空吸尘器是一项只有在富裕、温暖的西方社会才可能出现的发明，因为那儿的人家里大都会使用地毯，而地毯的清洗完全不同于世界上贫穷或炎热地区常见的那种坚硬、裸露的地板的清扫方式。

瑟曼和布斯发明的早期吸尘器是一种大型商业机器，要把它停在大厦外面，将水管从窗户或门伸进去，通到脏乱的地方。詹姆斯·M. 斯潘格勒发明的家用型吸尘器得到了胡佛公司的开发推广，这家公司为促进销售，允许消费者先试用十天。

随着聘请用人的家庭越来越少，特别是在第一次世界大战后，胡佛家用吸尘器逐渐成为英国家庭的必需品。在英国，“胡佛”已经成为真空吸尘器的代称，无论它是由哪个厂家生产的。

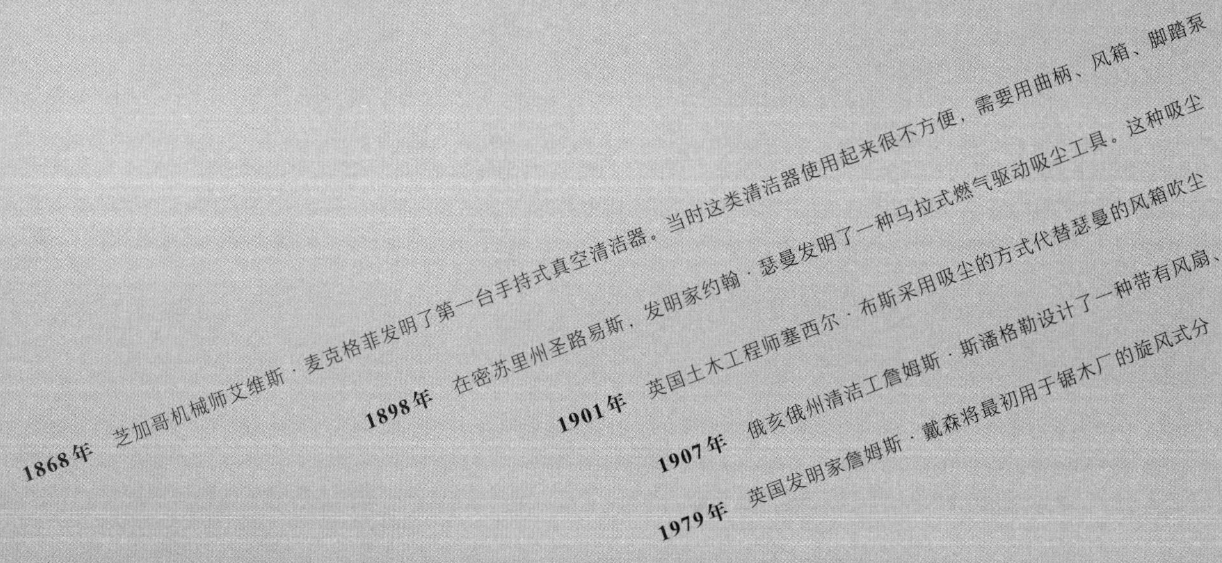

1868年 芝加哥机械师艾维斯·麦克格菲发明了第一台手持式真空清洁器。当时这类清洁器使用起来很不方便，需要用曲柄、风箱、脚踏泵
1898年 在密苏里州圣路易斯，发明家约翰·瑟曼发明了一种马拉式燃气驱动吸尘工具。这种吸尘
1901年 英国土木工程师塞西尔·布斯采用吸尘的方式代替瑟曼的风箱吹尘
1907年 俄亥俄州清洁工詹姆斯·斯潘格勒设计了一种带有风扇、
1979年 英国发明家詹姆斯·戴森将最初用于锯木厂的旋风式分

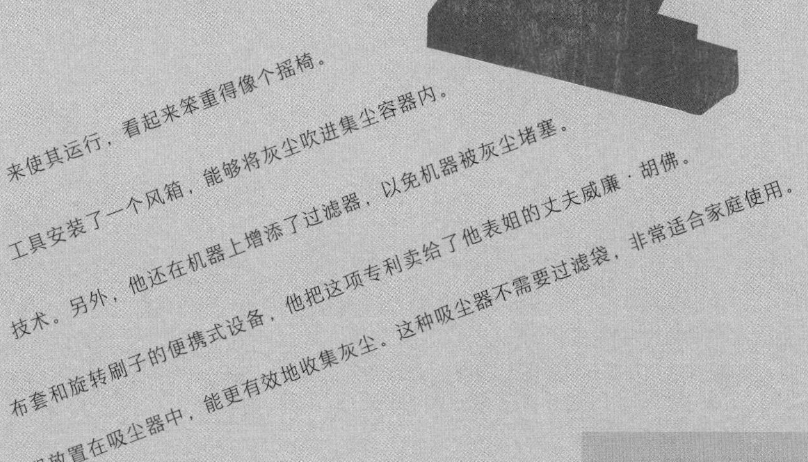

来使其运行，看起来笨重得像个摇椅。
工具安装了一个风箱，能够将灰尘吹进集尘容器内。
技术。另外，他还在机器上增添了过滤器，以免机器被灰尘堵塞。
布套和旋转刷子的便携式设备，他把这项专利卖给了他表姐的丈夫威廉·胡佛。
离器放置在吸尘器中，能更有效地收集灰尘。这种吸尘器不需要过滤袋，非常适合家庭使用。

延伸阅读

1901年，塞西尔·布斯拿到了第一份清洁业务合同，那可是一份大合同——为刚刚举行过爱德华七世加冕典礼彩排的伦敦威斯敏斯特教堂清洁地毯。

5.12 飞机（1903年）

莱特兄弟（美国）

飞机的发明史体现了人类的智慧和勇气。第一位飞越大西洋和太平洋的女性阿梅莉亚·埃尔哈特既要克服身体上的疲劳，还要接受方向感和飞行技术上的挑战。有些人为此付出了更大的代价，如德国人奥托·利连塔尔就为飞翔之梦而折翼蓝天，他不是第一个，也不是最后一个为了飞向蓝天而牺牲的人，1896年他遇难时留下的最后一句话是："总要有人为之牺牲的。"最终他所进行的滑翔机试验为莱特兄弟后来发明出飞机奠定了基础。

我们要为人类的创新精神而欢呼。乔治·凯利第一次定义了控制飞行的力——推力和阻力、升力和重力，有了这个知识，飞行就成为了可实现的目标。莱特兄弟实现了这一目标，开启了一个新的时代。从人类双脚离开地面的那一刻起，就开始了对星空的追寻。

延伸阅读

莱特兄弟的成功建立在许多先驱者的基础上，其中，最重要的灵感来自1878年他们还是孩子时收到的礼物——两个橡胶直升机玩具。这个玩具是由法国发明家阿尔方斯·佩瑙设计的，他本人非常推崇英国工程师乔治·凯利。

1977年，美国自行车手布莱恩·艾伦进行了第一次人力飞行。他在加利福尼亚州骑着31.8千克的"信天翁号"，呈8字形飞行了1.6千米。

1903年12月17日，美国工程师奥维尔·莱特和威尔伯·莱特驾驶他们发明的双翼飞机"飞翔者"，在北卡罗来纳州的基蒂霍克进行了首次带有动力装置、可操控的载人飞行。

英国工程师乔治·凯利被誉为“固定翼飞机之父”。他成功实现了载人飞行，先是在1849年承载了一个男孩，接着在1853年承载了一个成年男子，为他50年研究生涯画了一个圆满的句号。

1907年法国飞行员路易·布莱里奥驾驶单翼飞机首次试飞成功，并因在1909年成功飞越英吉利海峡而赢得1000英镑。

在1911—1912年与土耳其战争期间，意大利首次将飞机用于军事，用它来侦察敌情和实施轰炸。从此，飞机改变了战争的形态。

第六章

从直升机到特氟隆

（1907—1938年）

6.1 直升机（1907年）

保罗·科尔尼（法国）

达·芬奇在15世纪就绘制了奇幻的飞行器草图，但直到18世纪50年代，发明家才开始思考垂直起降飞行的可能性，他们面临的一个主要问题是飞行的稳定性。早期的直升机是利用向相反方向旋转的两个叶片来解决的。后来，发明家伊戈尔·西科斯基将水平旋翼与垂直尾翼结合，解决了直升机在实际飞行过程中出现的许多问题，使直升机成为了一种用途广泛的运输工具。

令人意外的是，迄今为止重量最大和最小的直升机都重新使用了双反旋翼。1967年，苏联制造了两架MilV-12原型机，起重能力为105吨。1998年，日本研发了GENH-4小型单人直升机，重量只有70千克。

1861年
法国工程师古斯塔夫·德·庞顿·达梅库尔发明了“直升机”这个词，用来描述他发明的新型蒸汽动力装置。然而，这个装置却飞不起来。

15世纪80年代
达·芬奇绘制了一个飞行器草图，该飞行器通过机翼旋转提供动力。遗憾的是，这个创意并不可行，因为高速旋转的叶片会使飞行器发生倾斜。

1940年
在俄罗斯出生的航空工程师伊戈尔·西科斯基移民到了美国，他在20世纪30年代申请了许多“直接升力”飞行器的专利。1940年，他的VS-300直升机首次成功升空。在此基础上，他解决了早期直升机在飞行中所面临的操纵和稳定性的问题。

1907年
法国自行车制造商保罗·科尔尼用其设计制造的直升机第一次完成了飞行。他的飞行高度只有30厘米左右，整个飞行过程持续了20秒。

延伸阅读

人类自从看到悬铃木的种子在空中旋转时，就领悟了叶片旋转的原理。中国最古老的直升机——“竹蜻蜓”用的就是这个原理。这种玩具的历史可以追溯到公元前400年左右。

6.2 茶包（1908年）

托马斯·沙利文（美国）

茶包的专利可以追溯到1903年，但直到1908年，纽约茶叶进口商托马斯·沙利文才首次推广这种形式。他将混合在一起的茶叶装进丝质小袋里寄给顾客，但顾客在把茶放进茶壶之前，并没有意识到要把它撕开。就这样，茶包诞生了。茶包的外包装先后用过丝绸、纱布，最终在1930年被热封纸袋替代，美国造纸商威廉·赫曼森还为这种热封纸袋申请了专利。1944年，方形茶包问世。1964年，泰特莱茶叶公司最先推出打了孔的茶包，加快了茶叶的冲泡速度。

滤茶器

早在公元前2737年，人们就开始使用滤茶器了。用散茶冲泡的茶通过金属或陶瓷滤茶器倒出来，茶水流入杯中，茶叶留在滤茶器里。

延伸阅读

酷爱喝茶的英国人曾比较抗拒使用茶包，认为多孔材料包装会影响茶的质量。事实上确实如此，当时一般只有劣质的茶叶才用于袋装。因此在20世纪60年代初，袋装茶只占英国茶叶销量的5%，而今天它的市场份额已经占到了95%。

茶球

茶球从19世纪初开始流行起来。它不仅可以防止茶叶漏进茶水中，而且当茶水冲泡到一定浓度时，茶球可以从茶壶中取出，以免过度冲泡。

茶包

与茶球和滤茶器相比，茶包有许多优点。从消费者的角度来看，它便宜、方便、快捷，而且是一次性的。对于制造商来说，最大的优势在于消费者看不到茶叶的质量。

茶叶压榨机

咖啡压榨机或咖啡壶早在19世纪就开始使用了。1991年，在英国茶叶协会的推动下，茶叶压榨机才被发明出来。当茶水浓度够了时，茶叶压榨机会把茶叶收集到壶里，从而阻止茶叶继续冲泡。

6.3 气垫船（1915年）

达戈贝尔·穆勒（奥地利）

达戈贝尔·穆勒为奥匈帝国海军设计的“实验滑翔艇”被认为是第一艘气垫船。它利用了向下的空气推力穿波破浪，实现水上航行。后来，克里斯托弗·科克雷尔在此基础上，在船下方添加了一块裙板，阻止空气从气垫船下部跑出去，从而使气流能够形成循环，这大大提高了气垫船利用空气浮力的效率。今天，气垫船因为能够在复杂多变的地形条件下运送人员和装备，在军事和救援上应用广泛。

延伸阅读

1959年，在科克雷尔的气垫船原型展示会上，英国女王的丈夫菲利普亲王尝试驾驶了这艘船。由于驾驶速度过快，船头被海浪打得凹了下去。但科克雷尔拒绝将其修复，而是将这个凹痕命名为“皇家凹痕”。

1915年

奥地利海军设计师达戈贝尔·穆勒设计的"实验滑翔艇"是第一艘利用空气浮力来减少水上阻力的船。

1931年

芬兰发明家托伊沃·卡里奥开始设计水上滑行机，并于1937年做出了原型机，但它没有吸引来投资。

1935年

苏联工程师弗拉基米尔·列夫科夫制造了包括L-1在内的20艘试验性军用气垫船，但由于技术问题和第二次世界大战爆发，他没有进行后续的试验。

1959年

英国工程师克里斯托夫·科克雷尔爵士展示了他研制的气垫船SRN1的原型船，他是在1953年产生这个设计构想，并且创造了"气垫船"这个词。

1988年

世界上最大的气垫船——苏联的"野牛"两栖攻击艇开始投入生产，它可搭载500名士兵或3辆主战坦克。

6.4 坦克（1916年）

英国陆军（英国）

1915年，第一次世界大战陷入僵局。大量伤亡导致士兵们畏战情绪蔓延，为打破僵局，军队高层派出了一辆武装装甲车。这种装甲车的履带可以穿过遍布弹坑的无人区，在敌人的防线上撕开一个口子。尽管由于故障不断，它所发挥的作用有限，但其价值在战场上已经得到证明。

两次世界大战之间，关于坦克在军队中的作用有很多争论。最初，人们认为它只是用于支援步兵，但在第二次世界大战中，它已经发展成独立的作战力量。今天，坦克已经成为所有陆上军事行动的核心装备。

延伸阅读

给坦克命名很费了一番心思，命名者试图通过“偷梁换柱”来隐藏坦克的真实用途。坦克原本要被命名为“履带战车”，但为了避免被德国间谍侦知，工程师将其称为“水箱”，并假称它是美索不达米亚地区的一种水上运输工具。此后，借用“水箱”这个词并采用音译的“坦克”这个名字就一直沿用至今。

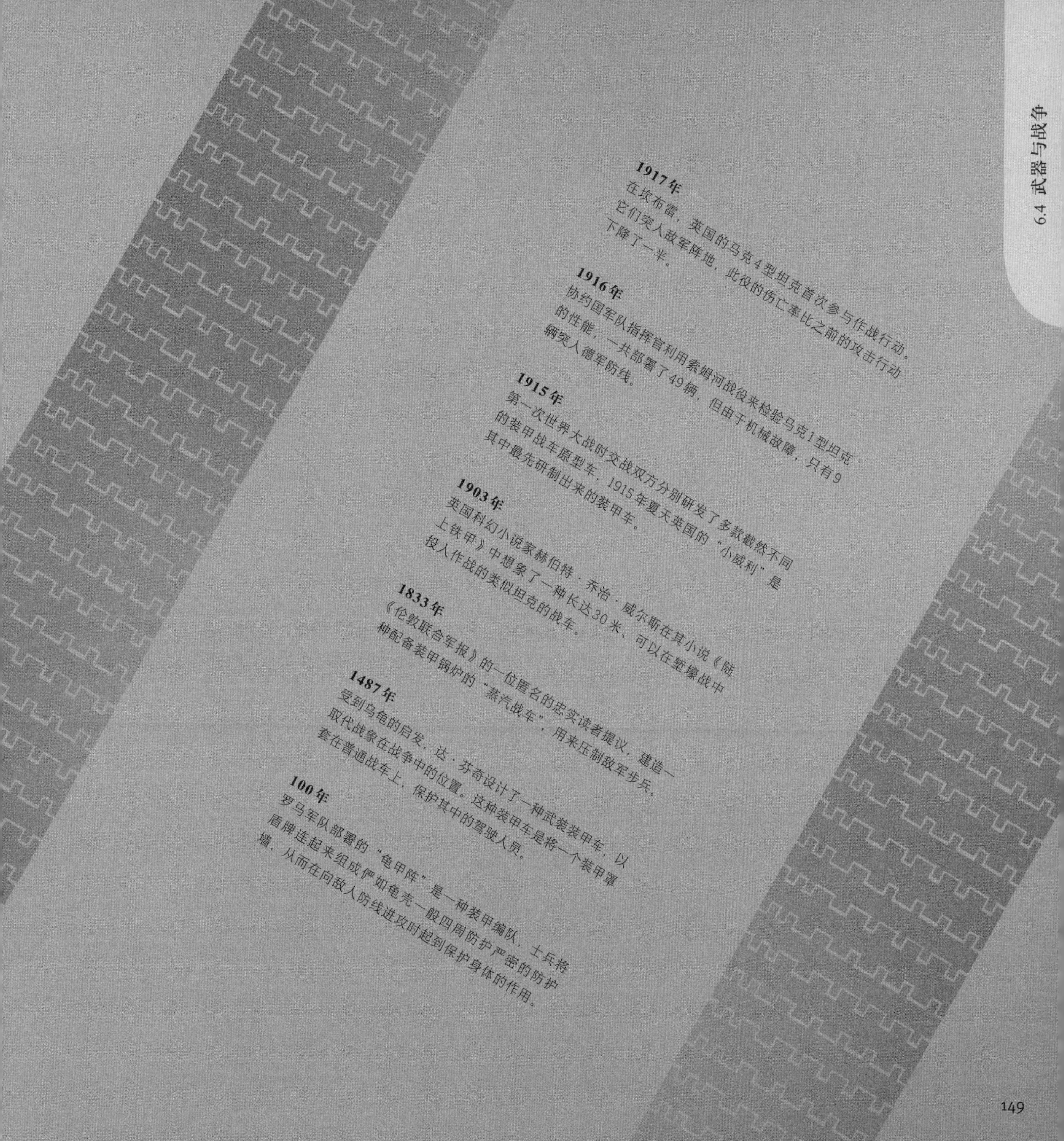

1917年

在坎布雷，英国的马克4型坦克首次参与作战行动。它们突入敌军阵地，此役的伤亡率比之前的攻击行动下降了一半。

1916年

协约国军队指挥官利用索姆河战役来检验马克1型坦克的性能，一共部署了49辆，但由于机械故障，只有9辆突入德军防线。

1915年

第一次世界大战时交战双方分别研发了多款截然不同的装甲战车原型车，1915年夏天英国的“小威利”是其中最先研制出来的装甲车。

1903年

英国科幻小说家赫伯特·乔治·威尔斯在其小说《陆上铁甲》中想象了一种长达30米、可以在堑壕战中投入作战的类似坦克的战车。

1833年

《伦敦联合军报》的一位匿名的忠实读者提议，建造一种配备装甲锅炉的“蒸汽战车”，用来压制敌军步兵。

1487年

受到乌龟的启发，达·芬奇设计了一种武装装甲车，以取代战象在战争中的位置。这种装甲车是将一个装甲罩套在普通战车上，保护其中的驾驶人员。

100年

罗马军队部署的“龟甲阵”是一种装甲编队，士兵将盾牌连起来组成俨如龟壳一般四周防护严密的防护墙，从而在向敌人防线进攻时起到保护身体的作用。

6.5 胶带（1923年）

理查德·德鲁（美国）

虽然早期的胶带分别由美国发明家亨利·戴（在1848年）和德国药剂师保罗·拜尔斯多夫（在1882年）发明出来并进行了专利注册，但却是经过理查德·德鲁在20世纪二三十年代金融危机时期的改进，才最终流行起来。

德鲁原本是要研发改进不同的胶水，用于不同材质的带子，没想到这为后来胶带的研发奠定了基础。现如今有各种专用的胶带用于特殊的用途，从手术到管道维修，从物品标签到礼品包装，很难想象如果没有胶带生活会变成什么样。

延伸阅读

胶带最初只在边缘处有胶水，因为德鲁认为只有边缘处需要胶水。由于胶带不断从喷漆的车身上脱落，喷漆工们指责制造商使用胶水不够量，还称其为“苏格兰威士忌”，意思是像喝苏格兰威士忌一样就给一点点。后来，3M公司改变了生产工艺，将整个背面都涂满了胶水，但仍命名为“苏格兰威士忌胶带”（即透明胶带）。

1923年　遮盖胶带

理查德·德鲁设计了一种5厘米宽的胶带，背面涂有压敏胶，用于辅助汽车行业的工人，因为这些工人希望他们喷漆时能有一个整齐的边缘。

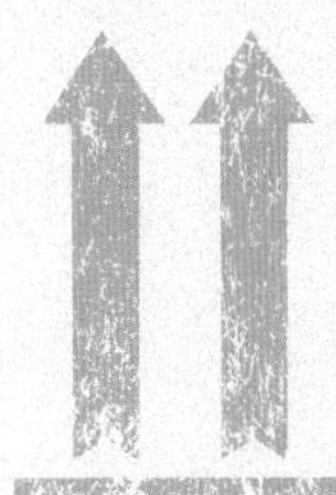

1930年　透明胶带

理查德·德鲁在透明的玻璃纸上涂了一层粘合剂，从而发明了透明胶带。这款胶带之所以大受欢迎，是因为在20世纪30年代大萧条时期，人们更愿意修理一下用坏的东西继续使用，而不是换个新的。

1942年　防水胶带

生产医用胶带的强生公司为美国陆军研发了一种宽幅防水胶带，以避免弹药箱受潮。

1946年　电工胶带

由于乙烯基中的一种成分会与早期的胶水发生反应，使胶带失去黏性，3M公司的研发人员于是研发了一种专用于制作乙烯基绝缘胶带的胶水。

1960年　医用胶带

3M公司研发了一种医用胶带，它具有低过敏性，不防碍毛孔呼吸，而且还可以涂抹一些适于皮肤吸收的药物。

6.6 电视（1925年）

约翰·罗杰·贝尔德（英国）

1925年，约翰·罗杰·贝尔德在伦敦展示的剪影图像，成为了世界上第一部电视片。英国广播公司最初采用了贝尔德研发的机械系统，后来在1937年换成了马可尼发明的电磁干扰EMI电子系统。

电视的工作原理是将图像和声音转换为信号，信号通过空中传输，由天线接收，再解码还原为图像和声音。阴极射线管是电视发明时的关键部件。它创造了图像，并决定了早期的电视屏幕只能是曲面的。

闭路电视

闭路电视是1942年在德国研制的，用于监控V2火箭发射情况，闭路电视的图像只能被传送到特定地点和一定数量的屏幕上，它现在的主要用途是安全防范和侦查犯罪行为。

彩色电视

1950年，彩色电视在美国开始试用。到1968年，彩色电视取代了黑白电视。在英国，英国广播公司直到1969年才开始播放彩色电视节目。

有线电视/卫星电视

有线电视是20世纪40年代美国的一项创新，而卫星电视则是从20世纪70年代发展起来的。这些新的电视接收方式使点播及频道的专业化成为可能。

延伸阅读

英国人平均每周看28小时的电视，美国人则是40小时。到70岁时，每个美国人平均看电视的总时长为8年。

平板电视
技术的进步使平板电视成为了电视机的标准形式。液晶显示器由数百万个自动刷新的像素组成。而等离子电视的像素是由微小的荧光等离子灯形成的。

数字电视
数字信号能够包含比模拟信号更多的信息，生成质量更高的图像，为后来的高清电视奠定了基础。

6.7 录音磁带（1928年）

弗里茨·普夫勒默（德国）

1928年，奥地利裔德国工程师弗里茨·普夫勒默把粉状磁性物质涂在细长的塑料带上，首次实现了录音。他将这项发明的使用权卖给了德国电子公司AEG。AEG在此基础上又加入了磁头，研制出第一台磁带录音机。今天，尽管数字录音技术取得了进步，但录音棚中仍普遍使用磁带。

盘式录音磁带
20世纪30年代发明于德国，盘式录音设备在录音室和家庭中得到了广泛使用。

多轨录音技术
1943年，多轨录音技术被发明出来，人类首次利用双音轨来营造立体声效果。更多的音轨可以让乐器单独录音，然后再进行混音。

录像带—1951年
1951年，磁带经过改制，用来记录视觉图像，这就是录像带。盒式录像带于1969年发明出来，为20世纪80年代录像带进入家庭铺平了道路。

小型盒式磁带

飞利浦公司将较窄的磁带封装在一个塑料盒内，由此开发出了盒式磁带。1962年问世后，盒式磁带在很大程度上取代了家用盘式磁带。

20世纪70年代

数字录音带

索尼公司在1987年推出了名为DAT的数字格式录音带，想要取代盒式磁带，但没有被市场接受。

杜比降噪系统

20世纪70年代，杜比实验室发明了多个系统，能够有效减少磁带杂音。杜比降噪系统广泛应用于唱片业和电影业。

延伸阅读

在磁带发明之前，广播节目必须现场直播，无法录播。同样，留声机录音也必须一次完成。

6.8 喷气发动机（1930年）

弗兰克·惠特尔（英国）

喷气发动机的工作原理是利用向后喷射气体或液体而产生的反作用力来向前运动。这个原理早在大约公元100年就有过应用，当时，亚历山大的赫仑利用此原理制作了一个客厅小摆件，演示蒸汽能推动空心球绕一个固定的轴高速旋转。13世纪，中国军队也利用此原理向敌人发射火箭。20世纪30年代，曾有多家公司竞相研发试飞，想要第一个成功制造出喷气式飞机。汉斯·冯·奥海因后来说，如果英国皇家空军在1930年接受了弗兰克·惠特尔的想法，在飞机研发制造上一直保持领先地位，可能也就不会有第二次世界大战了，因为希特勒一直认为空中优势至关重要。

延伸阅读

喷气发动机不只是供飞机使用的。改进后的喷气发动机也可用作发电厂、泵站和船舶的燃气轮机。喷气式汽车“超音速推进号”是第一辆突破音速的汽车，创下了1228千米/时的陆地速度纪录。

1930年 英国航空机械师弗兰克·惠特尔向英国皇家空军介绍了他的喷气发动机设想。英国皇家空军认为它行不通，没有采用，惠特尔便自己去申请了专利。

1936年 德国物理学家汉斯·冯·奥海因在完全不知道惠特尔的设想的情况下，独立提出了喷气发动机的设想，并介绍给了德国飞机制造商恩斯特·亨克尔。亨克尔接受了这个设想。

1939年 第二次世界大战爆发前的几天，由冯·奥海因设计的HeS-3涡轮喷气发动机提供动力的亨克尔He-178型飞机完成了首飞，这是第一架完全依靠喷气动力驱动的飞机。

1941年 意大利、苏联和美国也竞相研发喷气发动机。英国皇家空军最终试飞了一架由惠特尔设计的W-1发动机提供动力的格洛斯特E28/39型飞机。

1978年 都搬到了美国生活的惠特尔和汉斯·冯·奥海因相遇，并成为了挚友，他们在美国各地一起进行巡回演讲，谈论他们共同的发明。

6.9 雷达（1935年）

罗伯特·沃森-瓦特（英国）

1912年，号称“永不沉没”的泰坦尼克号沉没了，欧洲也笼罩着战争的阴影。冰山和潜艇的双重威胁促使人们研究利用声波探测水下环境。包括古列莫尔·马可尼和尼古拉·特斯拉在内的早期无线电研究先驱者，都预见到了无线电波在空中的用途。

由于雷达能探测到正在逼近的敌人，因此在两次世界大战之间，它成为了军事研究的重点。英国在雷达技术这个领域保持着领先地位，使其在对抗德国空袭时拥有了制胜优势。在和平时期，雷达在航空和海上安全、天气监测以及深空探测方面得到了应用。探地雷达则能帮助我们了解地质情况，并日益成为了考古学家的重要勘察工具。

延伸阅读

“雷达”的全称是“无线电探测和测距”，指的是用无线电的方法发现目标并测定它们的空间位置。“声呐”的全称是“声音导航与测距”，是一种利用声波完成水下探测和通讯任务的电子设备。“潜艇探测器”（ASDIC）是“声呐”的早期术语，实际上它没有任何意思，只是英国反潜艇部门使用的代号。

1915年
加拿大工程师雷金纳德·费森登为在蒙特利尔建造的十艘英国潜艇设计了简易的回声定位装置。它只能探测范围，不能探测方向。

1918年
加拿大物理学家罗伯特·博伊尔为英国研发了潜艇探测器，它可以利用超声石英晶体探测方向和范围。

1954年
美国伊利诺伊州的科学家布莱斯·K.布朗发明了雷达枪，在芝加哥熙熙攘攘的街道上进行了测试。这种雷达枪主要用于限速执法和体育统计。

1936年
美国海军和陆军分别独立研发，都成功地进行了雷达试验。第二次世界大战期间，美国和英国合作进行了研发。

1935年
苏格兰气象学家罗伯特·沃森-瓦特展示了他为英国航空部研发的雷达系统。陆军和海军的雷达系统先后在1937年研发出来。

6.10 尼龙（1935年）

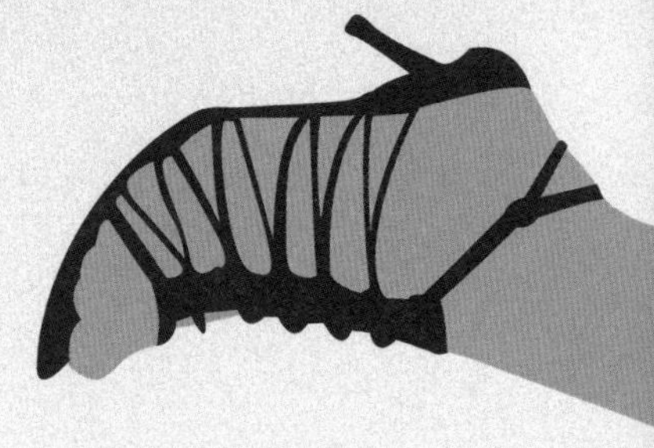

华莱士·卡罗瑟斯（美国）

尼龙的早期制品包括美国对日作战时所用的帐篷和降落伞，于是就有传言说尼龙（Nylon）这个词表示的是“你战败了，老日本鬼子”这句话的首字母缩写。其实这是一种谣传。

第二次世界大战之后，尼龙的潜力才开始被挖掘出来，不再仅用作纺织生产的丝线。由于它强度大、耐热性好，可用作机器部件的有用材料，或与其他材料（如玻璃纤维或碳纤维）结合使用。

废旧尼龙制品的处理是一个日益严重的问题。如果填埋，它腐烂分解时间很长；如果焚烧，它会释放出有毒的氰化氢气体。不过，人们利用尼龙这种不易腐烂的特性，制作了1969年尼尔·阿姆斯特朗登月时所插的国旗。

1802年
法国移民埃勒泰尔·伊雷尼·杜邦在美国特拉华州的威尔明顿创办了一家火药生产厂。美国内战期间，联邦军队所需的火药有一半由其供应。

延伸阅读

由于战争需要，尼龙首先要供应军队，这导致尼龙长筒袜成了市场上的稀缺商品。黑市上尼龙长筒袜的售价是官方价格的4倍。当这种袜子再次上市时，纽约梅西百货在短短6个小时里就卖出了全部库存的5万双。

1903年
为了摆脱原来的业务，转产其他产品，杜邦公司成立了研发性的化学实验室，早期成功研发的产品有纤维素等。

1930年
杜邦公司的化学家华莱士·卡罗瑟斯领导研究合成材料，发现了氯丁橡胶，这是世界上第一种合成橡胶，也是他获得的50项专利中的第一项。

1935年
卡罗瑟斯发明了一种人造丝——尼龙，为的是在美日关系恶化之后减少美国对日本进口产品的依赖。

1938年
第一个使用这种新材料的产品不是衣服，而是牙刷。

1940年
名为“尼龙长筒袜”的人造丝袜在上市第一天就售出7.2万双。

6.11 圆珠笔（1938年）

拉斯洛·比罗（匈牙利）

1938年，匈牙利人拉斯洛·比罗发明了圆珠笔，并申请了专利。在此之前，有好几位发明家曾试图设计出这样一种笔。报纸编辑拉斯洛·比罗注意到，新闻纸上所用的油墨要比钢笔墨水干得快。他用一个小滚珠作为笔尖从墨囊中吸取墨水，改善了前人发明的笔的墨水流畅性问题。在圆珠笔出现之前，由于钢笔需要经常灌墨，有时还会漏墨，这使得书写又慢又脏。

延伸阅读

太空笔是保罗·C.费舍尔在1965年发明的，后来他把这种笔卖给了美国宇航局。这种笔通过给油墨加压，可以在任意角度下书写，甚至是倒立着书写，适用于零重力和极端条件下。

* **1944年　在高空使用的笔**

英国皇家空军是最早使用比罗圆珠笔的组织之一，因为这种笔在高空中能写出字来。比罗的名字后来在英国成为了圆珠笔的代名词。

* **1945年　笔的官司**

爱弗释公司获得了比罗圆珠笔在美国的生产销售许可，但一种未经授权、被称作雷诺兹火箭的笔却率先出现在商店中。

* **1945年　金贝尔斯百货商店**

当圆珠笔首次面向公众销售时，有5000人涌向纽约的金贝尔斯百货商店，当天就售出了1万支圆珠笔。

* **1945年　比克公司**

比罗将他的发明授权给了法国人马塞尔·比克。他创办了比克公司，精简了圆珠笔的构造，使其可以批量生产，廉价出售，这家公司借此成为了世界文具市场的领导者。

* **1949年　缤乐美**

帕特里克·J.弗劳利发明了一种新墨水，解决了污渍问题。利用这种墨水的促销，他的缤乐美中性笔卖了数百万支。

6.12 特氟隆（1938年）

罗伊·普朗克特（美国）

特氟隆是意外发现的。美国化学家罗伊·普朗克特曾在杜邦公司的研究实验室工作，这家公司曾在1935年发明了尼龙。当时杜邦公司正在寻找一种用于家用冰箱的安全制冷剂，以取代当时人们普遍用的丙烷、氨和二氧化硫。

一天早上，普朗克特来到实验室，发现用来做实验的压缩气罐卡住了。他试着清除堵塞阀门的东西，没有成功，于是卸下了阀门，发现里面没有气体了，只有一层光滑的白色聚合物，这种物质是在高压环境下因气罐铁壁的催化而产生的。经过试验，普朗克特发现这种物质具有耐腐蚀、耐高压、耐高温和耐酸的特性。这种物质在1941年获得专利，在1945年被命名为特氟隆。

延伸阅读

1954年，一位法国工程师和业余垂钓者马克·格雷戈尔将特氟隆涂在鱼线上，使鱼线变得光滑，更容易在水面滑行。于是他的妻子建议：既然特氟隆具有润滑的功效，那是不是可以用它来做铝锅的内部涂层。特氟隆与铝制品的结合，为世界带来了第一批特氟隆炊具，并成就了法国特福公司。这家公司由格雷戈尔创办，专门生产特氟隆炊具。

特氟隆的用途

服装
户外服装所用的防水透气面料Gore-Tex是一种聚四氟乙烯（也就是特氟隆）的衍生产品。

炸弹
在美国研制原子弹期间，特氟隆首次被用作容器的密封剂。

化妆品
一些指甲油中含有特氟隆，它能让指甲更耐磨。

室内装潢
耐污地毯也使用了特氟隆涂层，它能防止东西粘到地毯上。

子弹
一些穿甲弹的表面涂有特氟隆，使它能以更高的速度通过枪膛。

交通运输
注意到你车上风挡玻璃的雨刷不再像以前那样吱吱叫了吗？因为它们涂了特氟隆，更加顺滑了。

第七章

从复印机到激光

（1939—1960年）

7.1 复印机（1939年）

切斯特·卡尔逊（美国）

纽约的律师切斯特·卡尔逊在1939年率先发明了一种复印文件的摄影方法。在此之前，复印需要用复写纸或人工复制机来完成。起初，这种被卡尔逊称为“电子照相”的发明没人愿意投资，后来，在非营利组织巴特尔纪念研究所的赞助下，卡尔逊开发出了这种产品。1947年，研究所向哈利德公司颁发了生产许可证，还给它取名为“施乐”（Xerox）。后来，哈利德公司也改名为施乐公司。1949年，第一台施乐复印机诞生。此后，复印机成为了现代办公室的标配，“施乐”也成为了“复印”的代名词。但施乐公司不希望公司的名称成为一个行业通用词，要求修改词典中的相关条目。

旧式复印设备
复印机发明出来后，老式的复印设备仍作为廉价的复印方式在使用。这种有着独特紫色墨水的机器在学校里特别受欢迎。
彩色复印机
1968年，彩色复印机问世，最初人们对它持怀疑态度，怕它会用被用来造假币。
打印扫描一体机
21世纪初，打印扫描一体机逐渐取代复印机，它的出现是为了创建无纸化办公室。

延伸阅读

复印机里面有一个带静电的滚筒，吸附着被称为墨粉的细微粉末。通过静电作用，纸张能够把墨粉从滚筒上吸附下来。墨粉受热，松散的粉末粘附在纸张上，从而形成图像。

影印技术
影印技术的应用引起人们对侵犯版权的担忧，对于用于研究目的的影印行为，大多数国家一般认定为合理使用。

司法鉴定
通过分析复印件与原件之间的区别，可以追溯查出文件是由哪个厂家的什么型号复印机复印的，甚至可以追查到是哪一台复印机。

7.2 计算机（1941年）

康拉德·楚泽（德国）

机器时代见证了人们为追求更大的生产规模而不断发明新的设备，这些机器设备的精度也越来越高，这意味着人们要面对更复杂的数学计算。于是，计算机的发明，就是为了将计算过程由机器来完成。工业家和科学家是最积极推动计算机研发的人群，希望能够用它来消除人为的错误，具备处理大量计算和数据的能力。后来，人们还希望它拥有存储、传输计算结果和过程的能力。

19世纪90年代，霍勒瑞斯发明了打孔卡片，用来记录数据。它一直用到20世纪60年代，直到被IBM公司研发的一款计算机软盘所取代。这种软盘于1971年推出，直到21世纪初仍有人使用。随着计算机在日常生活中越来越重要，人们对存储量的要求也越来越高，光盘和U盘应运而生。

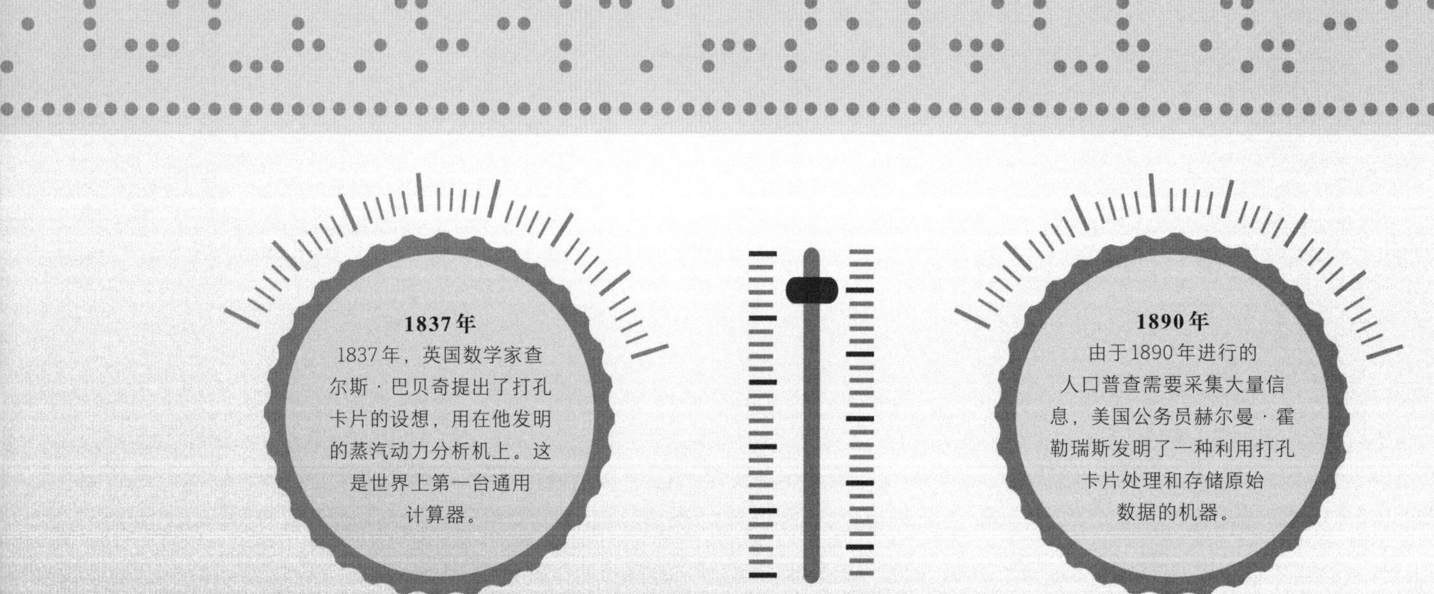

1837年
1837年，英国数学家查尔斯·巴贝奇提出了打孔卡片的设想，用在他发明的蒸汽动力分析机上。这是世界上第一台通用计算器。
1890年
由于1890年进行的人口普查需要采集大量信息，美国公务员赫尔曼·霍勒瑞斯发明了一种利用打孔卡片处理和存储原始数据的机器。

延伸阅读

英国诗人拜伦勋爵与早期的计算机有一些令人难以置信的关系。他的女儿艾达·洛夫莱斯是一位天才的数学家，她与查尔斯·巴贝奇通信，设计了一系列打孔卡片用于巴贝奇发明的计算器。因此，拜伦的女儿一般被认为是第一位计算机程序员。

1941年

德国的计算机先驱康拉德·楚泽发明了很多电动机械，包括1941年发明的世界上第一台可编程的电子计算机——Z3。它采用简单的二进制系统，利用打孔胶片存储信息。

1943年

汤米·佛劳斯领导的一个英国小组制造出世界上第一台巨人计算机。他们总共制造出10台这种机器，用于破译截获的德国通讯信息。关于这些机器的情况一直都是机密，直到20世纪70年代才为人所知。

7.3 防晒霜（1944年）

本杰明·格林（美国）

1944年，美国飞行员兼药剂师本杰明·格林看到太平洋战场的士兵长期暴露在阳光下造成的伤害，研制出了第一款防晒霜。最初的防晒霜有些类似凡士林，含有简易的阻滞剂，黏稠，用起来不舒服。20世纪50年代，药业巨头默克公司收购并改良了配方，改名为“水宝宝”，在市场上大获成功。防晒霜是由天然有机物和化学品混合而成的，可以吸收紫外线，防止黑色素生成。

防晒系数SPF

1938年，奥地利化学家弗朗兹·格雷特研发出了一款防晒霜。1962年，他又设计制定了防晒系数标准，现在所有的防晒霜都遵循这个标准。

长波紫外线UVA/中波紫外线UVB

影响人体皮肤的紫外线辐射主要有两种：长波紫外线不易引起皮肤表皮损伤，但穿透性强，更具危险性；中波紫外线是导致皮肤发红和晒黑的主要因素。

延伸阅读

适度地照射紫外线对健康是有益的，因为它能促进维生素D3的产生，支持免疫系统的正常运行。过多照射紫外线会引发皮肤癌、皮肤老化和白内障等问题。

防晒霜

防晒霜能散射太阳的辐射，不能用它来美黑。

室内美黑乳液

日光浴后使用室内美黑乳液会刺激黑色素的生成。

人造美黑

使用利用化学反应而引起皮肤暂时褐变的乳液或者含有古铜色染料的乳液，可以达到使皮肤暂时变黑的效果。

7.4 微波炉（1945年）

珀西·斯宾塞（美国）

1945年，美国工程师珀西·斯宾塞在偶然间发明了微波炉。当他为雷达装置制作磁控管时，发现口袋里的巧克力因微波能量而开始融化。于是他利用雷达技术，将微波引入一个盒子里，制作出了原始的烤箱。斯宾塞的雇主雷神公司为这个发明申请了专利，并在波士顿的一家餐厅进行了测试。测试成功后，雷神公司制造了第一台商用微波炉。

微波是一种高频率无线电波，它能使食物中的水分子旋转，通过水分子的摩擦产生热量快速烹制食物。在21世纪，微波炉因快捷和便利成为了家中必不可少的电器。

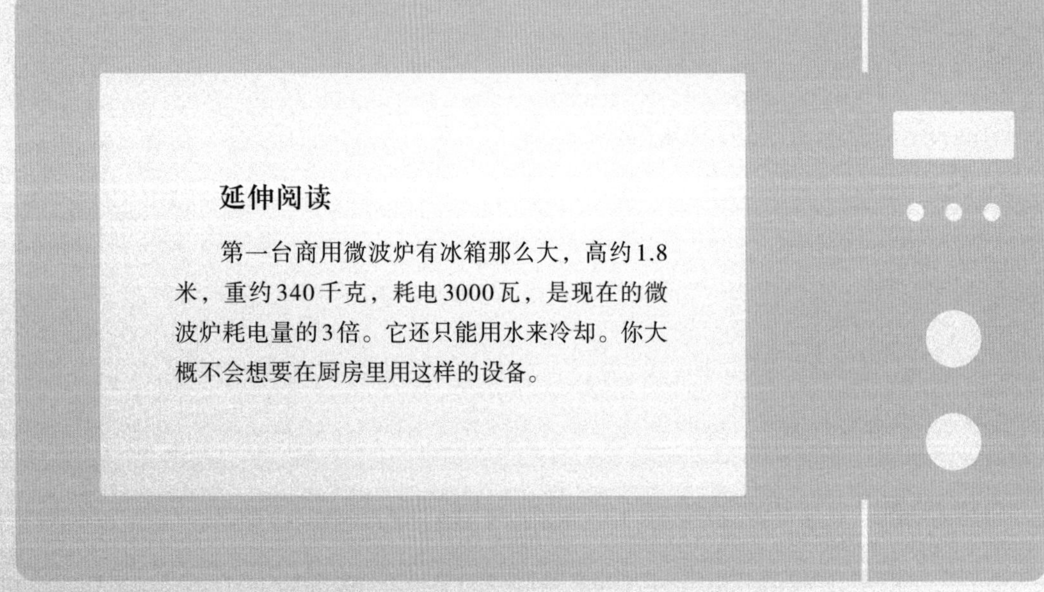

延伸阅读

第一台商用微波炉有冰箱那么大，高约1.8米，重约340千克，耗电3000瓦，是现在的微波炉耗电量的3倍。它还只能用水来冷却。你大概不会想要在厨房里用这样的设备。

1947年
美国雷神公司推出第一款商用微波炉——雷达炉，但它庞大笨重，而且非常昂贵。

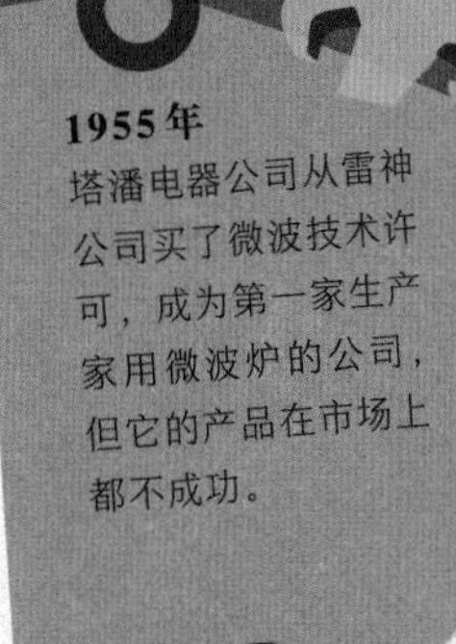

1955年
塔潘电器公司从雷神公司买了微波技术许可，成为第一家生产家用微波炉的公司，但它的产品在市场上都不成功。

1959年
雷神公司生产的第一台微波炉安装在核动力货船萨凡纳号上，它今天还在那儿。

1967年
阿曼那公司引进家用微波炉生产线，生产出第一款受到消费者欢迎的家用微波炉。

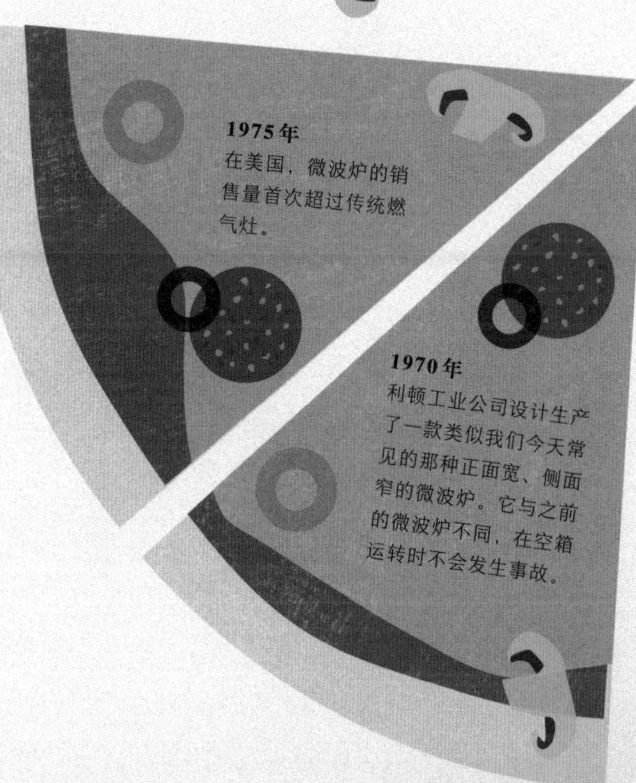

1970年
利顿工业公司设计生产了一款类似我们今天常见的那种正面宽、侧面窄的微波炉。它与之前的微波炉不同，在空箱运转时不会发生事故。

1975年
在美国，微波炉的销售量首次超过传统燃气灶。

7.5 原子弹（1945年）

罗伯特·奥本海默（美国）

原子弹有两种释放巨大能量的方式：一种是核裂变，一种是核聚变。核裂变更容易实现，核电站都是用这个方法产生核能的。在核裂变炸弹中，使用常规炸药就足以引发核连锁反应。核裂变炸弹通常用的是分裂铀-235的原子，铀-235是最容易获得的放射性物质。核聚变需要极高的温度，就像是太阳这种恒星内部产生的温度，或核爆炸产生的那种温度。热核炸弹或核聚变炸弹利用核裂变爆炸的能量来引发核聚变反应。氢弹就是使用氢的同位素氘和氚进行核聚变反应的炸弹。

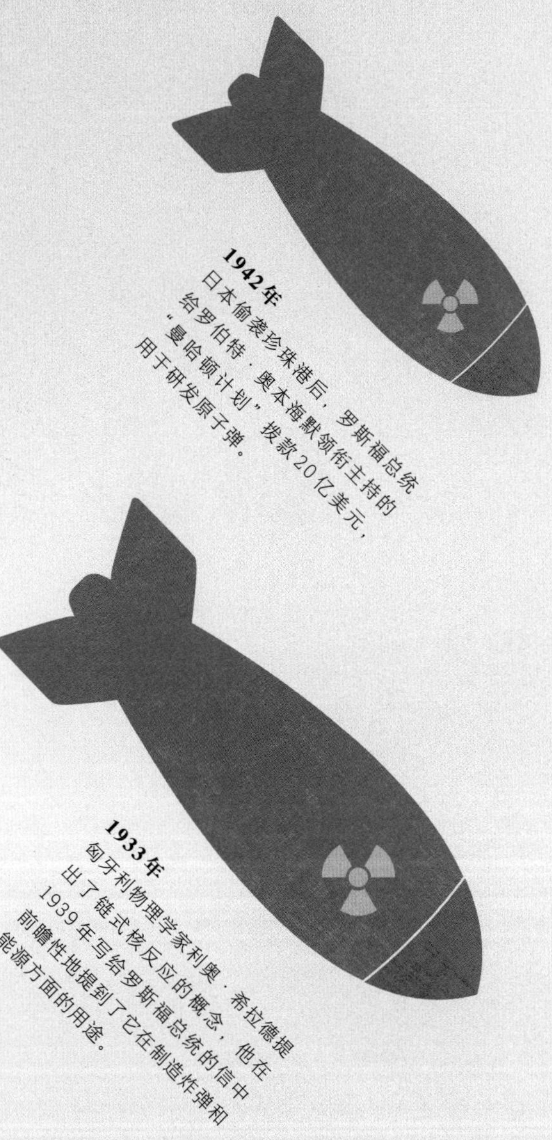

1942年
日本偷袭珍珠港后，罗斯福总统
给罗伯特·奥本海默领衔主持的
“曼哈顿计划”拨款20亿美元，
用于研发原子弹。
1933年
匈牙利物理学家利奥·希拉德提
出了链式核反应的概念，他在
1939年写给罗斯福总统的信中
前瞻性地提到了它在制造炸弹和
能源方面的用途。

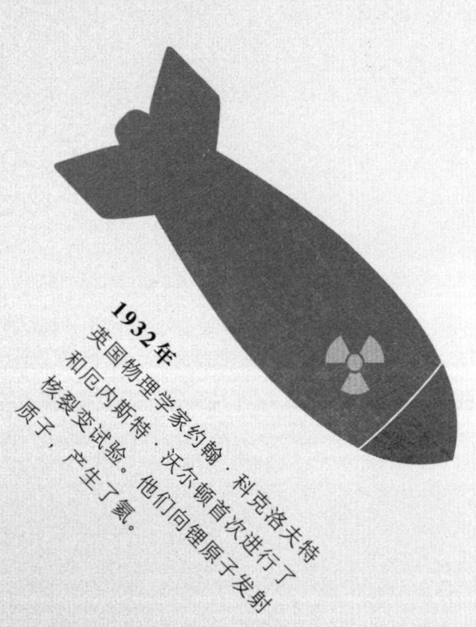

1932年
英国物理学家约翰·科克洛夫特
和厄内斯特·沃尔顿首次进行了
核裂变试验。他们向锂原子发射
原子，产生了氦。

延伸阅读

1945年以后，人类已经进行了数千次核试验，但是落在广岛和长崎的原子弹仍然是迄今为止仅有的在战争中使用的核弹。携带原子弹轰炸广岛的B-29轰炸机“伊诺拉·盖伊号”是以执行这次任务的飞行员保罗·蒂贝茨的母亲的名字命名的。

1945年

在新墨西哥州进行了一次核爆试验后，在奥本海默的指导下，美国向日本投放了两枚原子弹。8月6日，第一枚原子弹“小男孩”投放到了广岛；三天后，第二枚原子弹“胖子”投放到长崎；两次共有15万人当场死亡。

7.6 晶体管（1947年）

贝尔实验室的约翰·巴丁、沃尔特·布拉顿和威廉·肖克利（美国）

半导体是一种在外部能量影响下导电性会发生变化的材料，它的这个特性推动了晶体管的发明。晶体管是一种三极管，它含有两种半导体，中间有一个夹层。它在电子电路中有两个功能：第一种是充当放大器，将微弱的输入信号放大，变成更强的输出信号；第二种是充当开关，阻止电流通过。这两种简单的功能——放大和开关——几乎使晶体管成为了21世纪电子产品的核心元件。

在晶体管出现之前，人们使用的是运行缓慢、造价昂贵、笨重易碎的三极管。后来，结构小巧、高效耐用的晶体管取代了三极管。有了晶体管，电路可以被制成体积小巧的任何固态形状，不再需要机械开关或通道，它支撑起了一个机动性、小型化的电子时代。

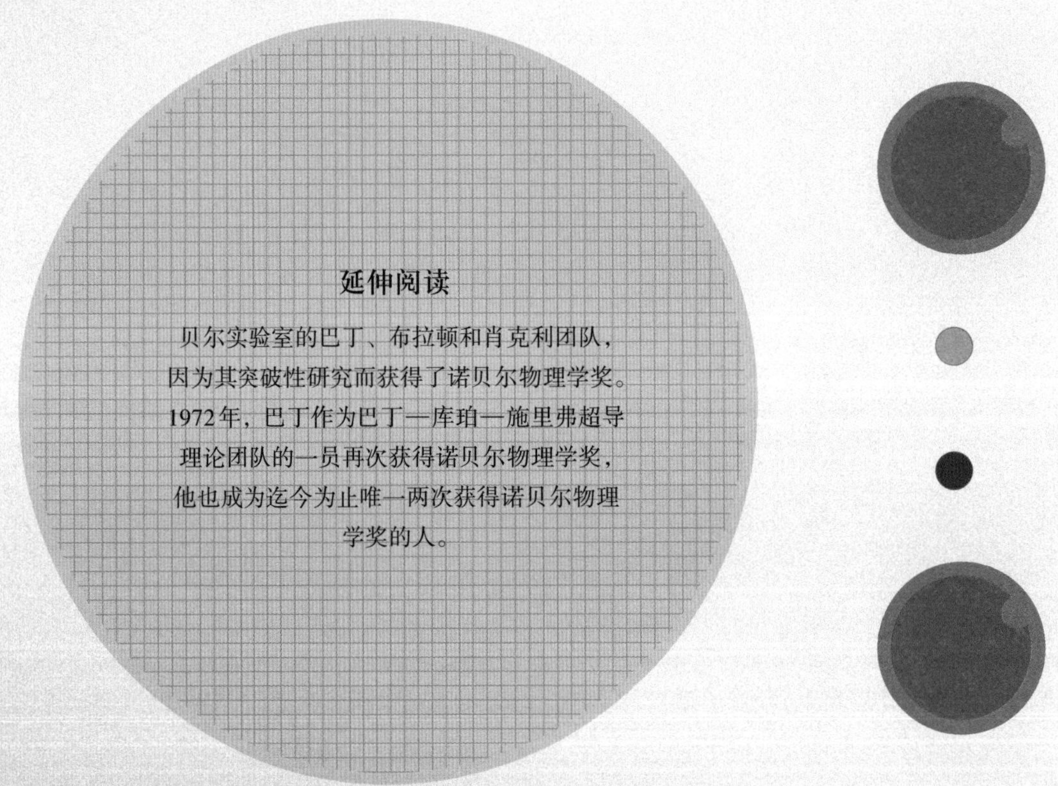

延伸阅读
贝尔实验室的巴丁、布拉顿和肖克利团队，
因为其突破性研究而获得了诺贝尔物理学奖。
1972年，巴丁作为巴丁—库珀—施里弗超导
理论团队的一员再次获得诺贝尔物理学奖，
他也成为迄今为止唯一两次获得诺贝尔物理
学奖的人。

匈牙利物理学家朱利叶斯·利连菲尔德在加拿大申请了半导体三极管的专利。但他没有得到研究支持，也没有造出实物样品。

美国电话电报公司的研究部门贝尔实验室的一个团队以利连菲尔德的理论为基础，利用锗半导体制造出第一个可用的晶体管。

在印第安纳波利斯生产的丽晶TR-1是世界上第一款批量生产的晶体管收音机。它使用22.5伏的电池，售价49.95美元，算上通胀因素，大约相当于今天的400美元。

美国发明家李·德·弗雷斯特发明了一种真空三极管，用于增强北美大陆的长途电话信号。

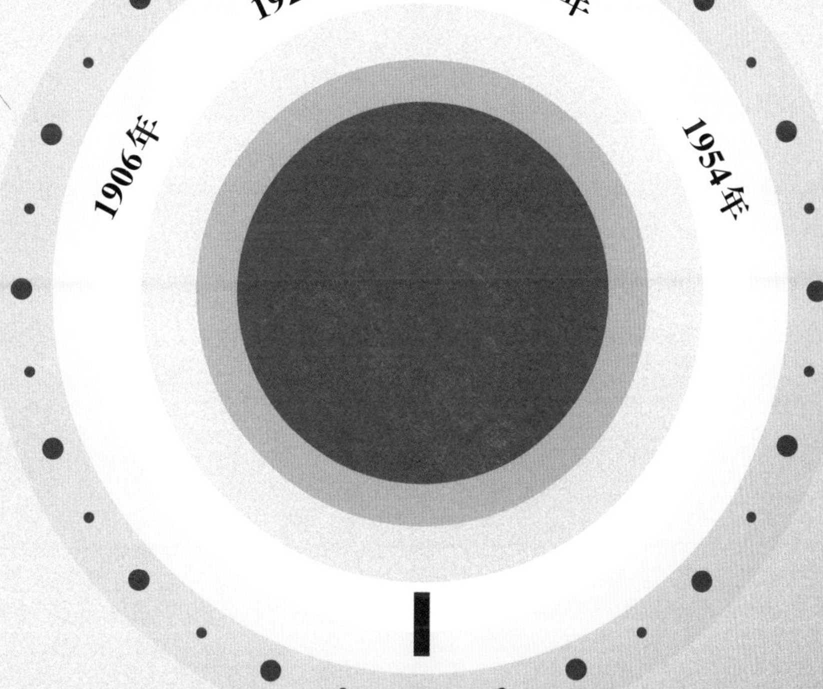

7.7 超声成像（1949年）

约翰·维尔德（美国）

超声成像是一种利用高频声波检查人体软组织和内部器官的医学技术。它类似于船舶导航系统中的声呐，声波被发送到指定区域，再反射回来时，便可形成图像。这项技术是约翰·维尔德在明尼苏达大学进行研究时首创的。1977年，磁共振成像技术在苏格兰被开发出来，首次在人体上进行测试。患者被送入磁共振医疗设备中，这个设备会产生超声磁场，从而拍出患者身体内部的影像。

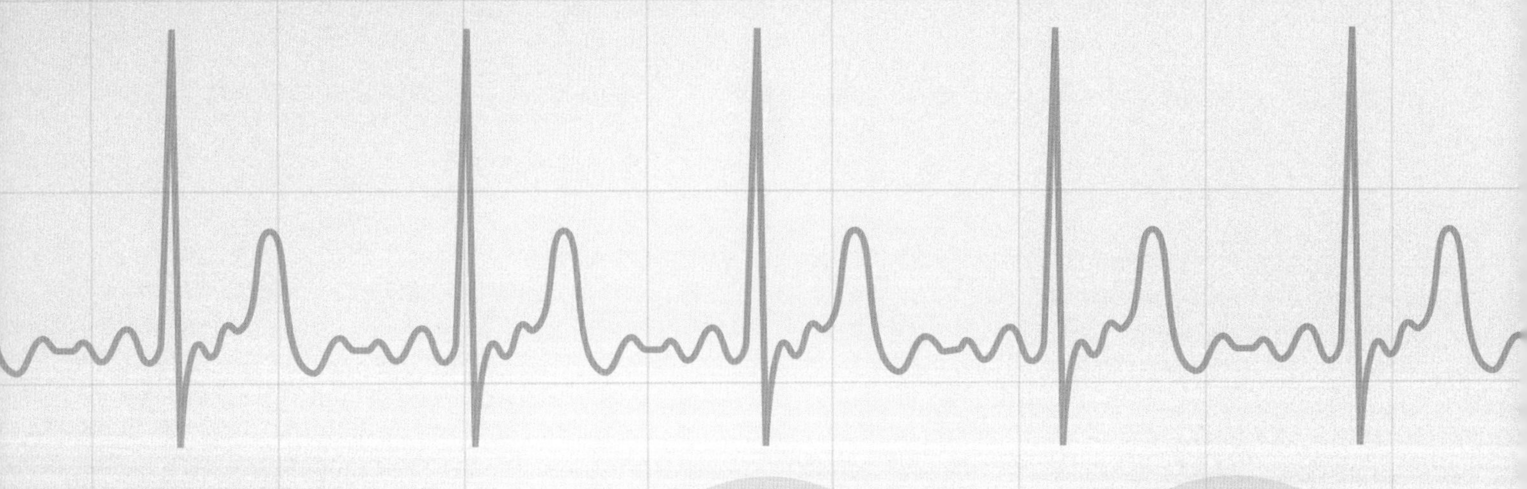

胎儿超声波检查

超声波最广泛的应用领域之一是监测胎儿的发育情况。

心电图

心电图是利用超声波检查心脏，看心脏是否有异常。

延伸阅读

超声波设备体积小，便于携带，比核磁共振成像更加经济高效。可是，用超声波来检查骨骼的效果却不理想。核磁共振成像扫描是静态的，而四维超声成像可以提供动态图像，两者都比X射线扫描安全，因为没有辐射。

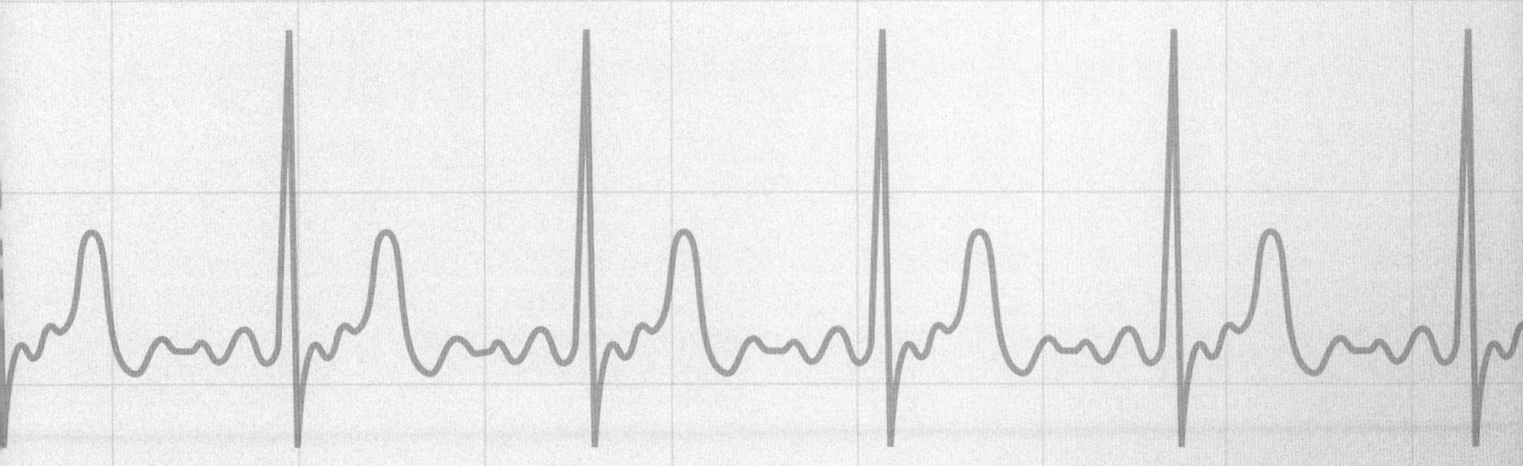

血液超声
这是一种特殊的超声技术，用来检测血管中的血液情况。

超声活检
在活组织检查中，将超声波探头伸入身体指定位置，取出样本进行分析。

核磁共振扫描
核磁共振成像通常用于检测关节和肌肉的损伤、器官内的肿瘤以及颅内血肿。

7.8 信用卡（1950年）

拉尔夫·施耐德，马蒂·西蒙斯和弗兰克·麦克纳马拉（美国）

第一张被多家零售商店接受的信用卡是大莱俱乐部的创始人拉尔夫·施耐德、马蒂·西蒙斯和弗兰克·麦克纳马拉在1950年发行的。大莱俱乐部是世界上第一家独立的信用卡公司，发行信用卡的目的是促进旅游和娱乐消费。它的结算方式类似于签账卡，要求持卡人将所有未付余额在每月的月底前全部还清。1958年，美国银行推出了第一个信用支付系统。磁条解码技术推动了这一付款方式的推广。

第一张信用卡
第一笔信用卡消费是由施耐德、西蒙斯和麦克纳马拉在纽约帝国大厦里的一家餐厅完成的。
1950 XXXXXXX XXXX

延伸阅读

信用卡在英国、美国和加拿大很快就流行起来，但在更习惯于用现金的国家，信用卡的普及还比较慢。像德国、法国和瑞士都比较倾向于使用借记卡；而在日本，人们一般只在大型商场使用信用卡。

英国的第一张信用卡

巴克莱银行发行了英国第一张信用卡——巴克莱卡。这也是美国之外的第一张信用卡。20世纪60年代以来，随着各家信用卡发行商竞相发卡，信用卡变得越来越普及。

1966 XXXXXXX XXXX

第一台自动提款机（ATM）

巴克莱银行在伦敦安装了第一台自动提款机。在银行卡出现之前，客户只能用一种特殊的支票提取现金。

1967 XXXXXXX XXXX

第一张英国借记卡

巴克莱银行推出了英国第一张借记卡，消费的款项可以立即从持有人的账户余额中扣除。

1985 XXXXXXX XXXX

芯片和个人识别码（PIN）

芯片和个人识别码技术开始在英国试用，并于2004年开始逐步采用。人们开始以签名的形式取代授权支付形式。

2003 XXXXXXX XXXX

7.9 电脑游戏（1951年）

拉夫·贝尔（美国）

1951年，出生于德国的美国工程师拉夫·贝尔发现，投射到屏幕上的数据可以被观众操控，于是便想到可以构建一个理想的游戏互动环境。但当时贝尔的老板并不支持他的这个想法。直到1966年，他才开发出了第一款在电视机上玩的游戏——《追击》。1961年，第一款电脑游戏《太空大战》由马萨诸塞州的学生设计出来。电脑游戏与电视游戏的原理是一样的，都是通过玩家输入电子指令进行游戏。只不过在电脑游戏中，玩家通过鼠标和键盘输入游戏指令；在电视游戏中，玩家通过操纵杆控制游戏。

延伸阅读

多数玩家要么只玩电视游戏，要么只玩电脑游戏，因为两种游戏的操控方式不同，比如选择武器的方式。

1958年

美国物理学家威廉·希金波坦开发了《双人网球》游戏。另一款以网球为背景的游戏《乒乓》由雅达利公司于1972年推出，取得了巨大的商业成功。

1952年 A.S. 道格拉斯在英国剑桥大学开发了井字棋电脑游戏。

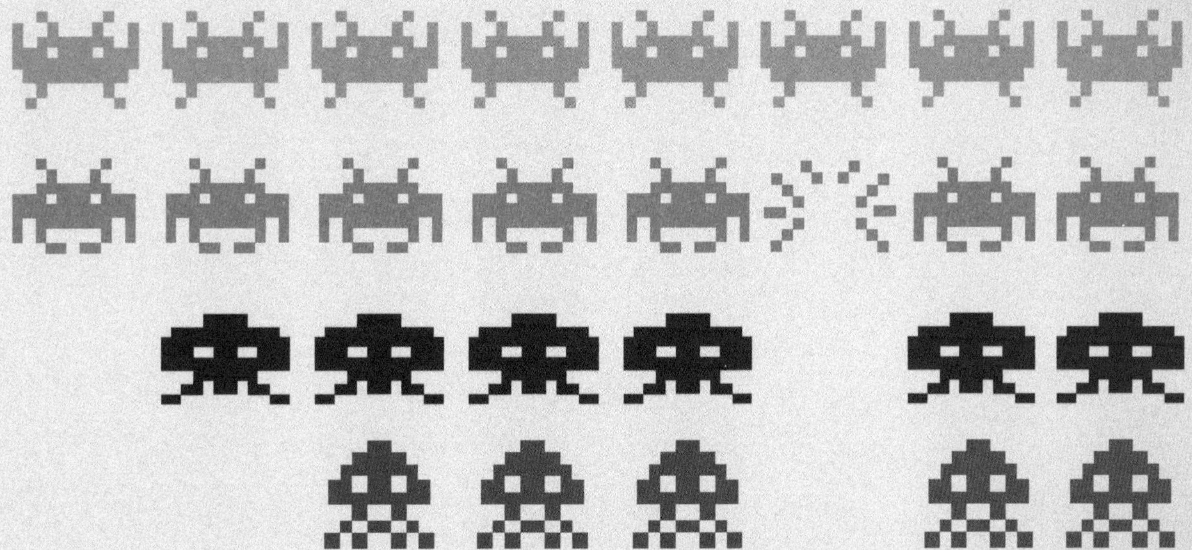

1966年
发明家道格拉斯·恩格尔巴特率先提出了“虚拟现实”的理念。虚拟现实是一种电脑生成的环境，用户可以在其中进行互动，体会身临其境的感受。它不仅可用于游戏，也可用于军事训练。

1972年
第一款电视游戏机是由拉夫·贝尔开发出来的。但迄今也许算得上最成功的电视游戏机是索尼公司于1994年推出的。

1995年
图形用户界面的引入使个人电脑游戏发生了革命性的变化，它简化并改进了指令的输入。

7.10 条形码（1952年）

伯纳德·西尔沃和诺曼·伍德兰（美国）

1952年，伯纳德·西尔沃和诺曼·伍德兰在费城读研究生时发明了条形码，它可以帮助杂货店收银员快速获取产品信息。

条形码通过宽度不同的线条表示12位特殊编码。利用红外扫描仪可以读取条形码信息，并将其传送给电脑。直到20世纪70年代，该系统才作为通用产品代码在美国被广泛使用。这项技术已应用到大部分零售业，也被医院、机场等领域采用。

1959年

美国麻省理工大学的毕业生大卫·柯林斯入职西尔瓦尼亚通用电话公司，为货运列车开发条形码识别系统。1969年，柯林斯离开了公司，创办了计算机标识公司，这是第一家以制作条形码为主要业务的公司。

延伸阅读

西尔沃和伍德兰发明的条形码无疑领先了他们所处的时代，花了20年才流行起来。然而，这两个人都没有因为他们的发明而暴富，西尔沃在1963年死于一场车祸。

1970年
美国食品连锁协会专门组成了一个委员会来探讨产品标识和条形码问题。

1972年
在俄亥俄州的一家超市里，售出了第一个带有条形码的商品——一包口香糖。这张带有条形码的口香糖包装纸现在保存在华盛顿的史密森博物馆。

1979年
10月7日，在林肯郡斯伯丁的凯伊商场，扫描了英国第一个条形码。

1988年
易腾迈公司推出了二维码，用在信封上。二维码是由大小不一的黑白小方块组成的邮票大小的图案。今天，二维码已经可以有各种形状和颜色。

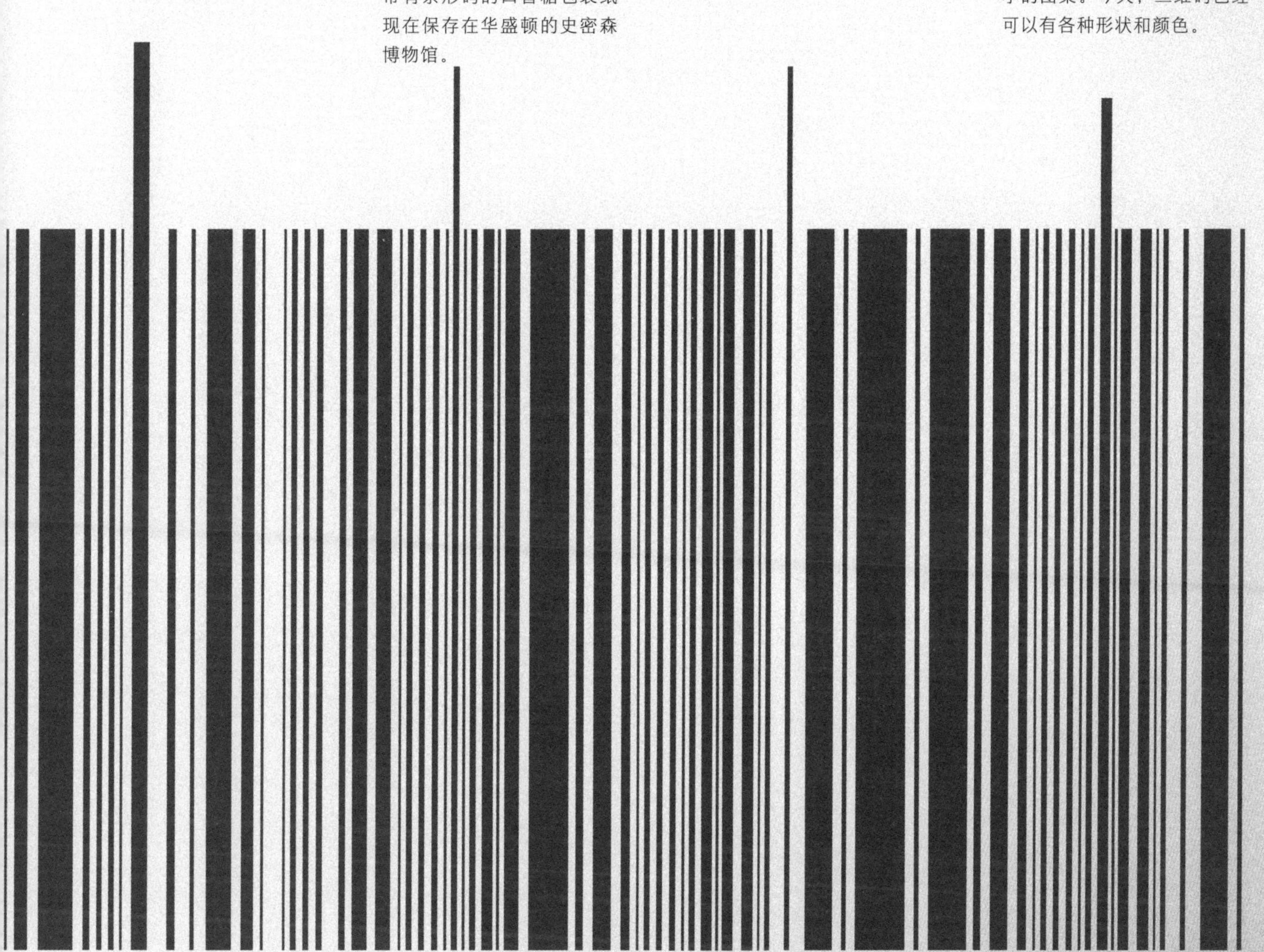

7.11 卫星（1957年）

“斯普特尼克”卫星计划（苏联）

苏联在太空竞赛的第一个回合所取得的开创性的成功不仅令美国在政治上颇为难堪，还让西方人担心起由此带来的军事威胁——用于发射人造卫星的火箭其实就是改装版的洲际弹道导弹。今天，人造卫星是军事指挥和控制基础设施的重要工具。全球定位系统（GPS）最初是美国为军事目的而开发的，后来在1998年向民用市场开放。

1962年7月10日，世界上第一颗通信卫星发射成功。它为长途电话和卫星电视的发展铺平了道路。尽管地下电缆技术和光纤技术不断改进，但为偏远地区提供电话和互联网服务还是得依靠卫星。

延伸阅读

气象卫星不仅能用来监测气象，而且还能用来监测污染、自然灾害等环境问题，对我们的工作和生活产生巨大影响。

1955 年 7 月 29 日
美国宣布将在1957—1958年期间发射一颗由海军研制的人造卫星，以此作为国际地球物理年的标志性活动。

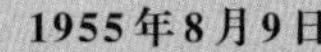

1955 年 8 月 9 日
苏联宣布了“斯普特尼克”卫星计划，也是以此庆祝国际地球物理年。

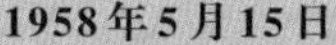

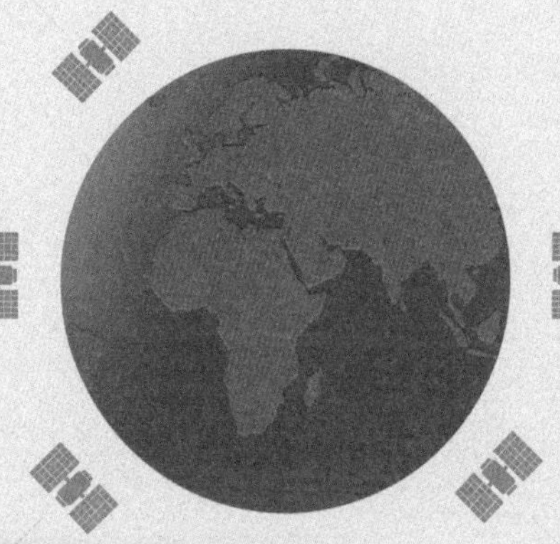

1957 年 10 月 4 日
“斯普特尼克号”的成功发射震惊了美国。世界各地的无线电爱好者每隔96分钟就能接收到一次它那欢快的信号声，这令美国十分尴尬。

1957 年 11 月 3 日
“斯普特尼克2号”卫星搭载了一只名叫莱卡的小狗进入太空。这只小狗在卫星发射成功后不久就死了。

1957 年 12 月 6 日
美国海军试射的火箭在升空时爆炸。另一枚在1958年2月5日发射的火箭也发生了相同的情况。

1958 年 2 月 1 日
令美国海军难堪的是，美国陆军发射了他们研制的“探索者1号”卫星。

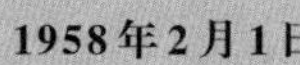

1958 年 3 月 17 日
美国海军成功发射了卫星“先锋1号”，利用太阳能，它能传输数据长达7年，而“斯普特尼克1号”只能维持3周。截至2011年，“先锋1号”是仍然在轨运行的最古老的卫星。

1958 年 5 月 15 日
苏联再次成功发射了一颗人造卫星——“斯普特尼克3号”。

7.12 避孕药（1960年）

卡尔·杰拉西和弗兰克·科尔顿（美国）

第一种避孕药是由奥地利裔美国化学家卡尔·杰拉西于1951年发明的。两年后，科学家弗兰克·科尔顿合成了一种化学固醇Enovid，这是第一种口服避孕药的基本物质。1960年，美国政府批准该药物上市。大多数的避孕药都含有两种激素：雌激素和孕激素。这些激素能阻止卵子的释放，使受精过程无法完成。

延伸阅读

一些人反对避孕药。艾森豪威尔总统在1959年表示：计划生育不应该是政府管控的事情。梵蒂冈的一个委员会审查了这个问题，人们对天主教会可能会批准允许使用避孕药抱有很高的希望，但1968年教皇保罗六世对节育表达了强烈的反对意见，人们的这一希望破灭了。

1961年
避孕药在英国是由国家健康服务中心提供的。

1963年
在美国，有230万女性服用过避孕药，这一因素无疑对“摇摆的60年代”起了推波助澜的作用，因为女性可以通过避孕药掌控自己是否要生育。

1965年
美国最高法院废除了康涅狄格州禁止服用避孕药的法律。但马萨诸塞州仍禁止未婚者使用避孕药，直到1967年最高法院宣布这是非法的。

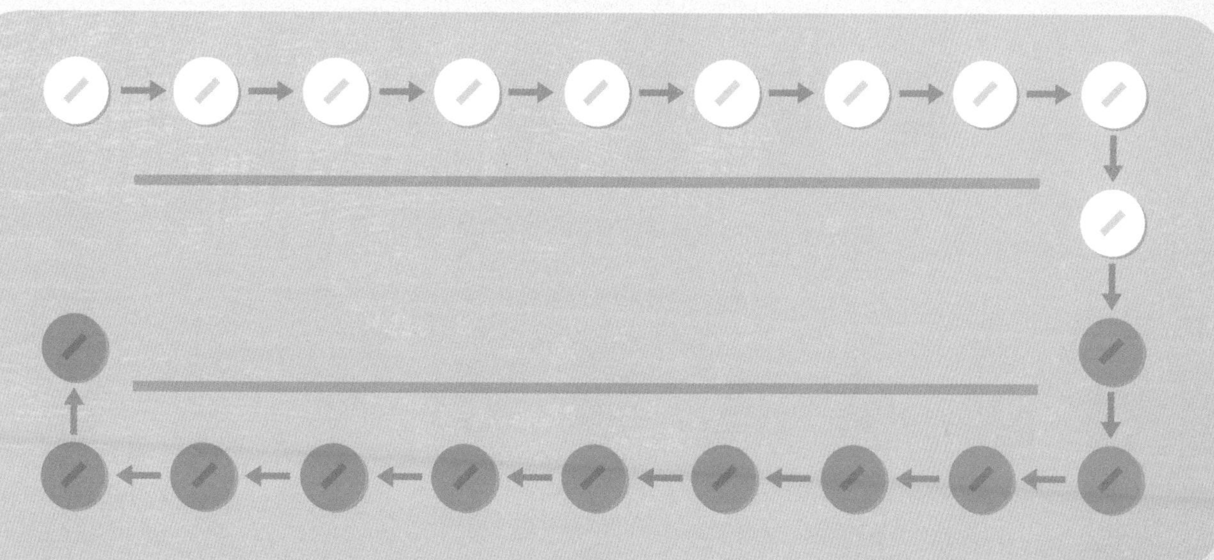

1967年
全世界有1 250万妇女服用过避孕药。到2011年，人数增加到1亿。

1980年
一种更安全、剂量更低的避孕药投入市场。原来的高剂量避孕药在10年间逐渐退出了市场。

7.13 激光（1960年）

西奥多·梅曼（美国）

早在1917年，爱因斯坦就提出了激光器的原理，1960年，在休斯实验室工作的西奥多·梅曼在美国加利福尼亚州成功制造出第一台激光器。这种激光器通过多次聚焦，可以产生强大的光束，可以穿透金属，也可以投射到高空。如今，激光在制造业和医疗领域应用广泛，最常见的是用于CD和DVD机，以及进行矫正视力的手术。

1953年
美国物理学家
查尔斯·汤斯发明了一种
"微波量子放大器"。其工作原理与激光相似，但它发射的不是光，而是微波辐射。

1959年
美国物理学家戈登·古尔德
在一篇论文中首次使用了
"激光"这个词。

1960年
西奥多·梅曼发明出激光器
不久，阿里·贾万和小威
廉·R.贝内特制造出了第一
台气体激光器。

延伸阅读

科幻作家很早就想象过类似激光的东西。1898年，乔治·威尔斯的小说《世界之战》中出现过一种能摧毁一切的热射线武器。在20世纪30年代的连环画《巴克·罗杰斯》中，也出现过一种“粉碎射线”。

1962年
工程师罗伯特·霍尔在纽约通用电气公司工作期间，研发了一种新型激光器——半导体。这种激光器目前用于电子设备和通信系统。

1974年
激光首次应用在日常生活中——用于超市条形码扫描器。

第八章

从载人航天飞机到iPad

（1961年—今天）

8.1 载人航天飞机（1961年）

尤里·加加林（苏联）

如果说苏联通过率先发射人造卫星（1957年）和实现人类进入太空（1961年）而在太空竞赛初期处于领先位置，那么美国则通过阿波罗登月计划（1969—1971年）赶超了苏联。

1975年，随着阿波罗—联盟号进行太空飞行，太空竞赛正式结束。接替太空竞赛的，是1998年开始多国联合建设国际空间站。1981年，当可重复使用的航天飞机开始飞行时，太空旅行几乎成了寻常事，少了些浪漫，多了些商业气息。到目前为止，对深空的探索还是由无人探测器来完成的。但在离地球近一些的地方，只要你负担得起2000万美元的费用，就能够去国际空间站旅行一趟。

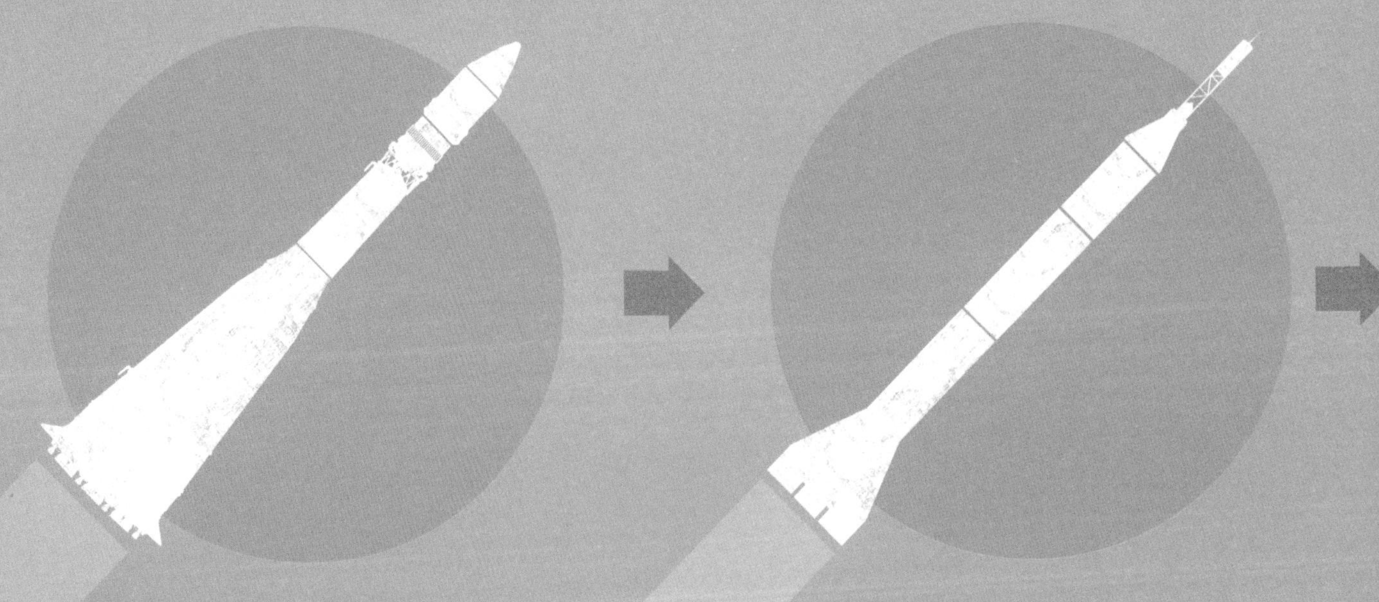

1961年4月12日

苏联宇航员尤里·加加林乘坐“东方1号”环绕地球飞行，成为第一个进入太空的人。1963年6月16日，“东方6号”载着首位进入太空的女性瓦莲京娜·弗拉基米罗芙娜·捷列什科娃绕轨道飞行了3天，标志着苏联在太空竞赛中再赢一局。

1961年5月5日

艾伦·谢泼德乘坐“自由7号”宇宙飞船进行了15分钟的亚轨道飞行，成为美国第一位进入太空的宇航员。20天后，肯尼迪总统宣布了阿波罗计划，提出美国将于1970年前把人送上月球。

延伸阅读

到目前为止，只有12个人（没有女性）登上过月球，都是美国人。美国国家航空航天局已经取消了2020年重返月球的计划，而俄罗斯仍在研发新的可重复使用的载人登月飞行器，印度有载人星际飞行计划，欧洲有载人前往火星的长期计划。

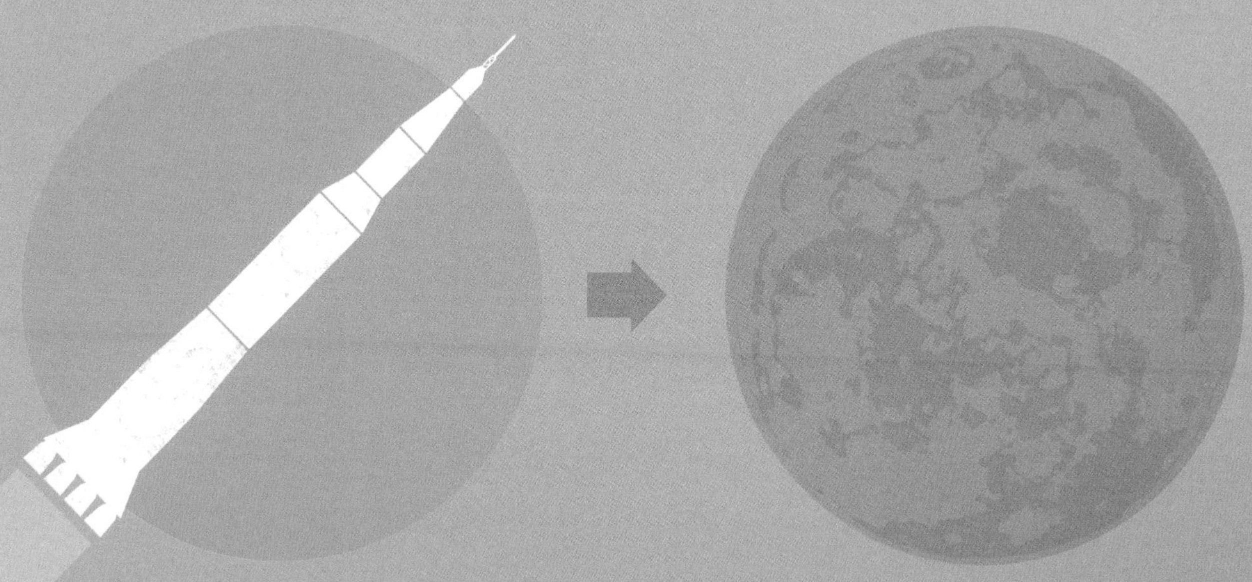

1969年7月20日

在阿波罗11号离开地球4天后，尼尔·阿姆斯特朗和巴兹·奥尔德林成为了第一批登上月球的人，迈克尔·柯林斯当时留在了绕月球轨道飞行的指挥舱内。在接下来的30个月里，美国又相继进行了5次登月任务。阿波罗11号是第一个登上月球的航天飞机。美国也是迄今为止唯一一个登上月球的国家。

8.2 微处理器（1971年）

费德里克·法金（美国）、特德·霍夫（美国）和嶋正利（日本）

1965年，微处理器巨头英特尔公司的联合创始人戈登·摩尔提出了摩尔定律。该定律指出：集成电路中的元件数量可能会每两年翻一番。这反映了电子工业的飞速发展。

1958年，得州仪器公司的杰克·基尔比开发出了第一个微芯片。这是一种集成电路，里面所有元件都由相同的材料制成，不仅大大缩小了芯片的尺寸，而且降低了制造和装配的时间和成本。在微芯片出现之前，电子电路的每一个元件都必须单独组装在电路板上，并需要接线焊接。

日本电子公司Busicom与英特尔接洽，请求英特尔为其新款Busicom141-PF计算机提供芯片，英特尔利用这个机会，在微芯片的功能领域取得了重大突破。1971年，他们将计算机的电路简化为4个主要的微芯片，有效地整合了计算机的运行机制。第4个微芯片被命名为4004，是第一款大规模生产的CPU芯片（又称为CPU微处理器）。

CPU是所有现代计算机的大脑，通过CPU，英特尔给计算机时代带来了重要改变。今天，微处理器已经成为从厨房设备到汽车、从计算机到信用卡等众多产品的核心部分。

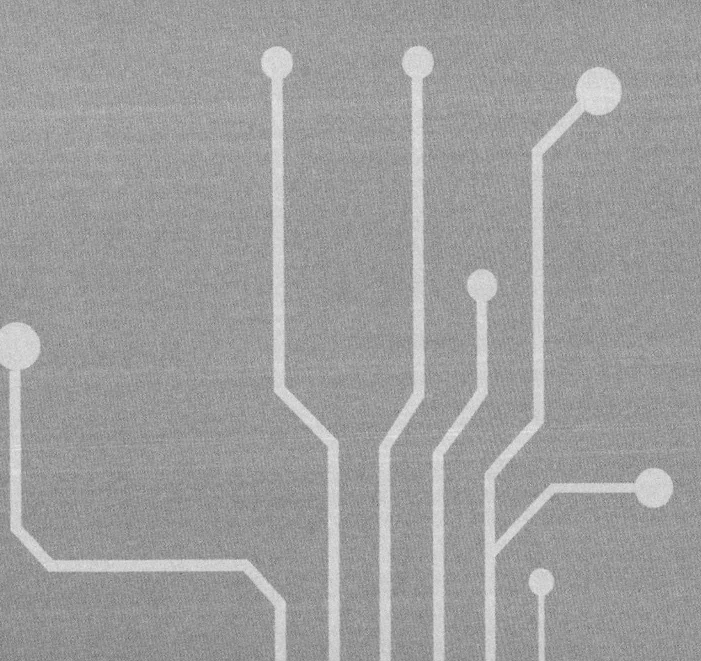

延伸阅读

1946年，美国陆军研发了第一台通用计算机“埃尼阿克”（ENIAC）。它占地167平方米，重30吨，包含500万个手工焊接接头。1971年，仅有一粒米大小的英特尔4004微处理器的运算能力大大超越了“埃尼阿克”。

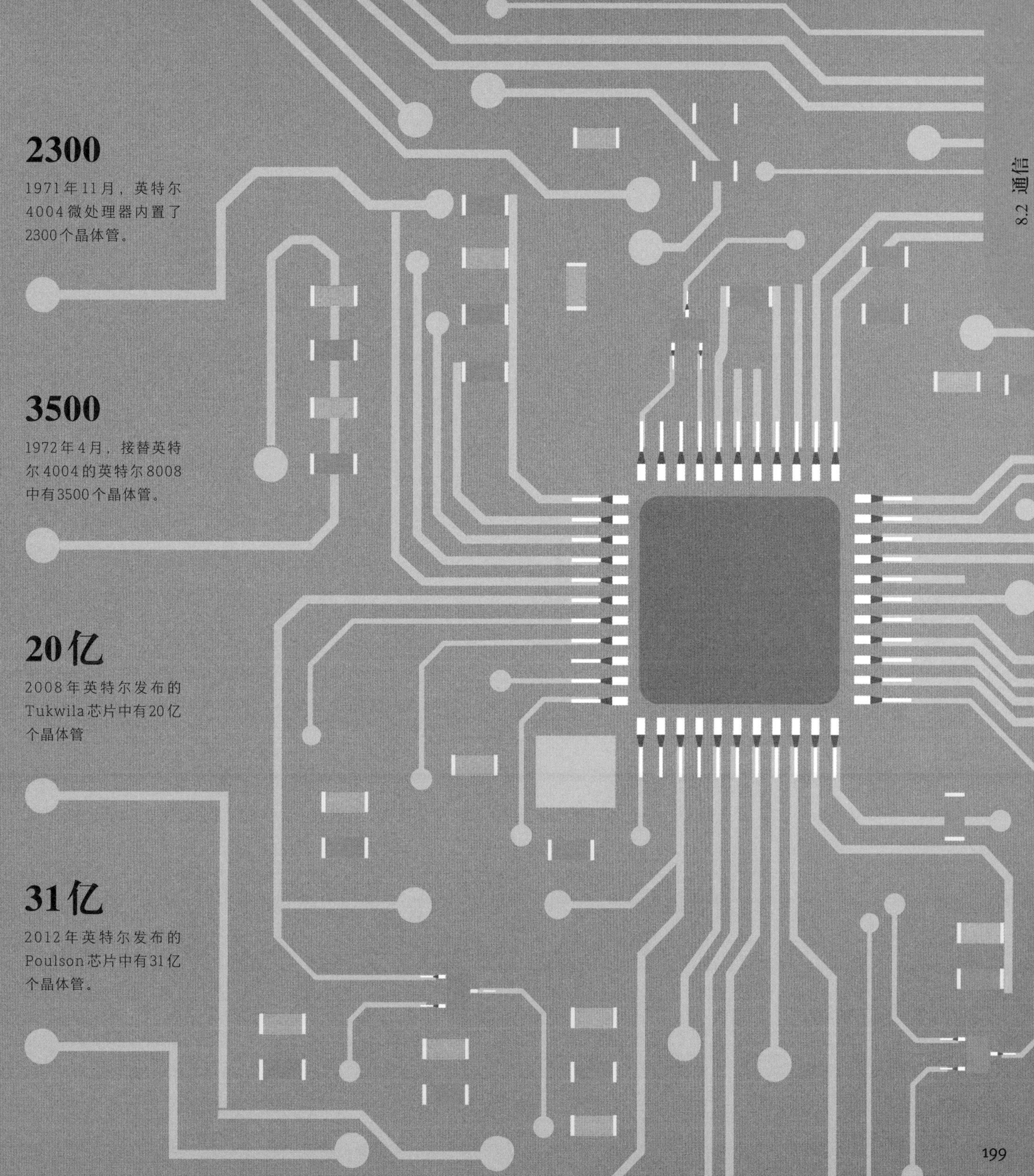

2300

1971年11月，英特尔4004微处理器内置了2300个晶体管。

3500

1972年4月，接替英特尔4004的英特尔8008中有3500个晶体管。

20亿

2008年英特尔发布的Tukwila芯片中有20亿个晶体管

31亿

2012年英特尔发布的Poulson芯片中有31亿个晶体管。

8.3 互联网（1973年）

温特·瑟夫和罗伯特·卡恩（美国）

互联网是一个全球性的计算机网络。尽管它对所有人开放，但在1991年之前，对于未受过计算机编程训练的人来说，它还是一个具有技术壁垒的系统。蒂姆·伯纳斯-李发明的HTML（超文本标记语言）、URL（统一资源定位符）和HTTP（超文本传输协议）为普通互联网用户提供了一套更简单的语言、地址和网页互连系统，这些成为了后来万维网的基础。

万维网由万维网联盟管理，蒂姆·伯纳斯·李现在是这个联盟的董事。阿帕网（ARPANET）是世界上第一个计算机网络，于1990年退出了历史舞台。

延伸阅读

计算机、因特网和万维网在很短的时间内取得了长足的进步。但是在1969年10月29日尝试在阿帕网上发送第一条互联网信息的程序员实在令人同情。他打算发送“LOGIN”这个词，他输入了L和O，在准备输入第三个字母G的时候，整个互联网系统就崩溃了。不过，瞧，在不到50年的时间里，这项发明几乎改变了人类生活的方方面面。

美国程序员雷·汤姆林森为阿帕网设计了一个电子邮件系统，发送的第一封电子邮件的内容是"QWERTIOP"。

美国高级研究计划局的约瑟夫·利克利德将加利福尼亚大学洛杉矶分校的四台计算机连接起来，组成了阿帕网，主要为了拥有更强大的计算能力。

计算机科学家温特·瑟夫和罗伯特·卡恩开发出TCP（传输控制协议）和IP（互联网协议）。"互联网"这个词第一次被使用。

英国程序员蒂姆·伯纳斯-李发明了HTML、URL和HTTP。

温特·瑟夫和罗伯特·卡恩开发的TCP和IP允许任何计算机使用阿帕网，成为了互联网接入的标准规则。从此，阿帕网向公众开放。

8.4 手机（1973年）

马丁·库珀（美国）

1960年，瑞典生产了第一部车载电话，重达40千克。此后几十年，移动电话取得了长足的发展。1973年4月3日，摩托罗拉公司的马丁·库珀研发了第一部手机，并用它打了一个电话给其竞争对手、贝尔实验室的乔尔·恩格尔。到2011年，手机用户已达到53亿，超过了全球人口的四分之三。

1994年，第一个短信服务推出；1998年，第一个个性化铃声问世；1999年，手机支付与手机上网实现。3G网络的出现使人们不仅能通过手机阅读，还能在笔记本电脑和电子阅读器上阅读。我们的手机变得越来越小巧，而功能却越来越多。对我们许多人来说，手机囊括了我们工作、休闲和社交等的所有生活。

0G

早期的无线电话网络仅限于一个基站的覆盖范围，只能同时为非常少的用户提供服务。那时，只有23个基站。

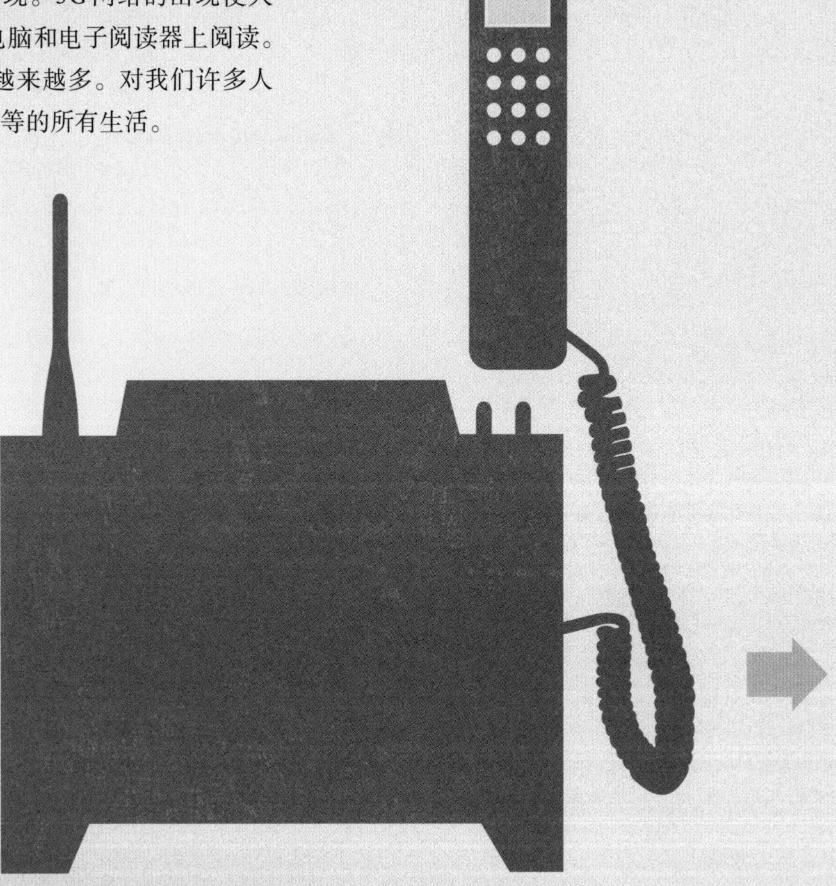

延伸阅读

20世纪80年代，美国电话电报公司的一份报告指出：到本世纪末，手机用户将达到90万，这是在2G技术出现之前的数字。据估计，在21世纪初，每三天就有90万部手机售出。2000年，手机市场总量接近6亿部。

1G

这是当用户在两个基站间移动时，第一次可以保持通话。1G网络于1979年由日本电报电话公司（NTT）推出，网络覆盖整个东京，由23个区组成。

2G

1991年，芬兰Radiolinja公司的全球移动通信系统（GSM）首次实现了从模拟信号向数字信号的转变。手机用户的数量在不断扩大，同时，手机一改旧日笨重的“砖头”模样，变得愈加轻巧。

3G

随着用户对手机在数据传输速度和容量上提出了更高的需求，日本电报电话公司于2001年测试了3G网络。从此，手机上网变得司空见惯。

4G

传统的电话技术被抛弃，取而代之的是互联网协议。4G网络的速度是3G的100倍，语音信息像其他数据信息一样处理。

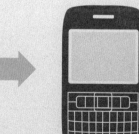

8.5 个人电脑（1974年）

爱德华·罗伯茨与威廉·耶茨（美国）

直到1974年，计算机还是庞大而昂贵的设备，只有大型企业、大公司才用得起。那一年，美国电子发烧友爱德华·罗伯茨和威廉·耶茨发明了微型计算机Altair 8800，它的体积小到可以放在桌子上，以整机形式出售，并在1975年1月的《大众电子》上做了宣传。同年7月，他们引入了一种名为Altair Basic的编程语言，这是由年轻的保罗·艾伦和比尔·盖茨创办的微软公司推出的首款产品。

接下来的两年，市场上出现了很多品牌的个人电脑，包括苹果公司在1976年推出的电脑。苹果和微软的操作系统之争一直持续到今天，虽然它们试图垄断个人电脑市场对消费者并不完全有利，但不得不说，个人电脑的出现首先改变了商业世界，接着改变了我们的家庭和学校生活，然后通过社交网络改变了我们整个社会。

延伸阅读

1982年推出的个人电脑Commodore 64很快就进入了普通百姓的家庭。它采用了大规模生产策略，通过零售店而非专业电子产品销售点进行销售，销售量高达1700万台。同时，它的成功反过来又促使开发人员为这款机器编写了超过1万种软件，向那些早期的用户展示了计算机在我们生活中各个方面的实用性。

* * * * 个人电脑基本版V2 * * * *

准备 ■

信息输入

早期的台式个人电脑依靠我们所熟悉的打字机键盘输入数据。1963年，美国计算机先驱道格拉斯·恩格尔巴特设计了一种带滚轮的鼠标，德国公司Telefunken于1968年设计了一种球形鼠标。1984年，苹果公司为他们的Macintosh计算机设计图形用户界面时，推动鼠标开始流行起来。它使普通用户可以用手指点击来代替复杂的计算机语言命令。1983年，触摸屏出现。

信息输出

家用电脑采用家庭电视机的阴极射线管（CRT）技术。1981年，在IBM推出彩色图形适配器之前，显视器都是单色的。21世纪初，轻质节能液晶显示屏（LCD）取代了阴极射线管显示屏。在未来，发光二极管显示器（LED）将提供更好的视角和更高的对比度。

信息转变

从台式电脑到笔记本电脑的转变始于1981年的澳大利亚Dulmont Magnum型号。1983年问世的Gavilan SC电脑是第一款能被称为“便携式”的、且配有触控板的电脑。从笔记本到手持设备的变化，始于1984年Psion公司推出的功能强大且小巧的Organizer型号的电脑。2007年，华硕推出了EeePC型号上网本，将笔记本与掌上电脑区分开来。

8.6 便签（1974年）

亚瑟·弗莱和斯宾塞·西尔弗（美国）

便签有各种形状、大小和颜色，完美地解决了想在电话、书本或地图上留下临时信息和标记的问题。

便签成为了重要的办公室工具，如今，在无纸化的电脑应用程序上，人们也设计了黄色电子便签，便于用户在屏幕上留下临时信息。

有些发明是迫在眉睫的需求推动的，有些发明是经过不断试验的，而有些发明却得益于某次偶然的灵感。便签的发明便属于后者。

1970年

斯宾塞·西尔弗是美国3M公司实验室的化学家，他在研发一种强力胶水的同时，发现了一种粘合力较弱的胶水。

“这东西有什么用？”他问自己。

延伸阅读

黄色便签纸的灵感来源于一次“巧合”。当时，亚瑟·弗莱正在3M公司的实验室里做实验，旁边恰好有一些黄色的纸。他便用斯宾塞·西尔弗发明的胶水在这些纸上做起了实验。

1973年

3M公司负责产品开发的研究员亚瑟·弗莱在教堂唱诗时，经常遇到书签从书本中掉落出来的情况。这让他开始思考：

“怎样才能让书签一直保持在合适的位置呢？”

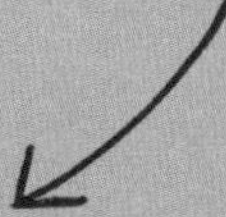

1974年

亚瑟·弗莱用斯宾塞·西尔弗发明的粘合力弱的胶水做实验，发现这种胶水不但能把书签粘在页面上，而且把书签揭下来后还不会在页面上留下痕迹。他便去问他的老板：

“我能把它推向市场吗？”

1977年

3M公司在美国四个城市开始试销名为“Press'n'Peel”的产品，但销售情况不佳。但在爱达荷州的博伊西市，这款产品却很受欢迎。于是3M公司问自己：

“我们需要重塑品牌吗？”

1980年

便利贴，即最早的便签纸，首先在美国上市，一年后在加拿大和欧洲各国上市，迅速取得了成功。

再没有难以解决的问题了。

8.7 随身听（1979年）

木原信敏（日本）

1978年，索尼公司的工程师木原信敏制造了第一台随身听，给索尼公司的创始人盛田昭夫在频繁地乘飞机旅行时听音乐。这个设计结合微电子技术与盒式磁带格式，打造出了体积更小、重量更轻、配有耳机的播放器。1979年，随身听在日本上市。它打开了个人音响市场，改变了人们听音乐的方式，第一次真正实现了便携式收听。随身听前后出了300多个型号，总销量超过2.2亿部。

1983年

基于盒式磁带的随身听是全球最新的热门产品，它的名字已经成为个人音响的代名词。

1984年

索尼生产的CD随身听，最初称为“Discman”。同年，一款可以录音的随身听推出。

1985年

面对竞争对手的产品，索尼的随身听做了改进，采用音频均衡器，提高了音频质量。

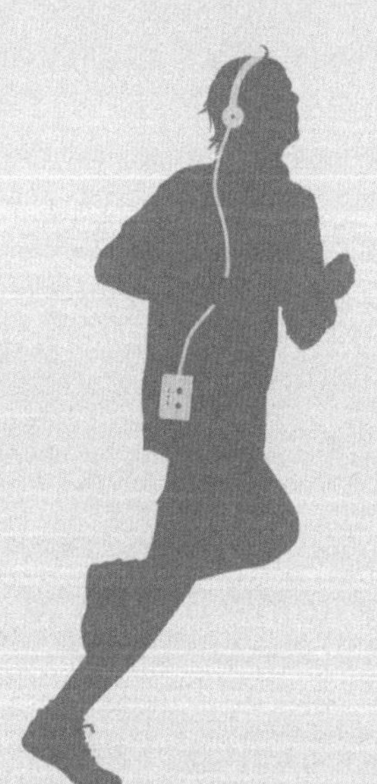

延伸阅读

由于日语中没有与“transportable”（可移动的）相对应的词，“Walkman”是与“transportable”意思最接近的。当时，索尼公司的创始人盛田昭夫并不喜欢Walkman这个名字，所以当随身听在美国初次推广时名字是“Soundabout”，在英国名字是“Stowaway”。

1989年
视频随身听是索尼的最新产品，它使用的是便携式摄像机常见的Video-8格式的磁带。

1999年
盒式磁带很快就过时了，索尼公司又推出了新的随身听，将音乐以MP3的形式存储在内存上。

8.8 光盘（1979年）

飞利浦/索尼光碟工作小组（荷兰）

飞利浦电子公司在1979年的产品会上首次展示了光盘，然后与索尼成立了一个专门小组来开发它。这种光盘采用数字光记录，通过激光回放。CD播放器于1983年在世界范围内推出，同时推出了一系列光盘。随着硬件价格的下降和唱片种类的增加，CD越来越受欢迎，到1988年，每年销量超过4亿张。CD格式后来也用于数据存储和软件程序。

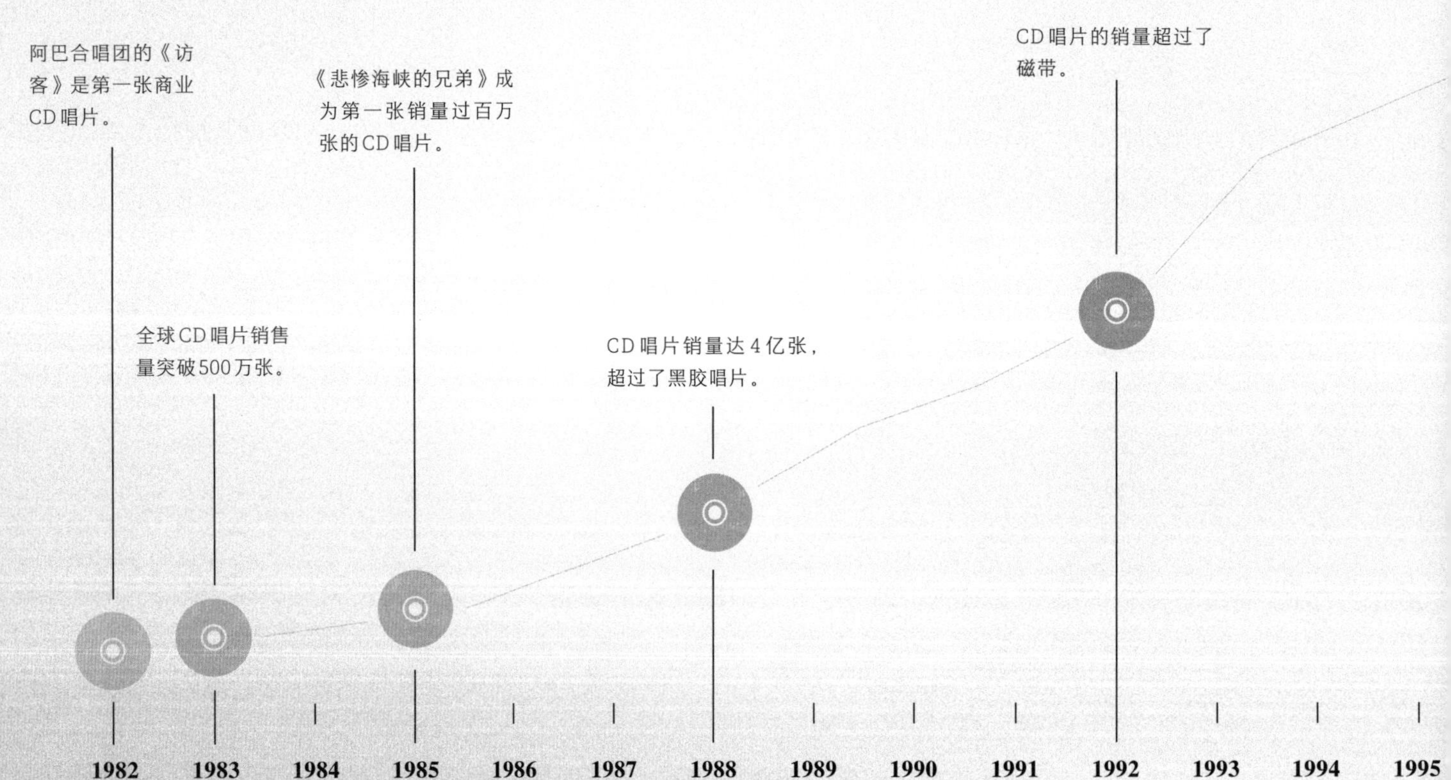

阿巴合唱团的《访客》是第一张商业CD唱片。
全球CD唱片销售量突破500万张。
《悲惨海峡的兄弟》成为第一张销量过百万张的CD唱片。
CD唱片销量达4亿张，超过了黑胶唱片。
CD唱片的销量超过了磁带。
1982
1983
1984
1985
1986
1987
1988
1989
1990
1991
1992
1993
1994
1995

第一张DVD

1995年，飞利浦、索尼、东芝和松下采用CD技术，制作了多功能数字光盘（DVD），DVD的尺寸与CD相同，但存储容量更大，且能存储多媒体内容。1996年11月，DVD在日本首先面市，接着分别在1997年3月和1998年10月进入美国和欧洲市场。到2003年，在美国DVD数量已经远超过录像带。此后，它的接替者——蓝光光盘于2006年问世。

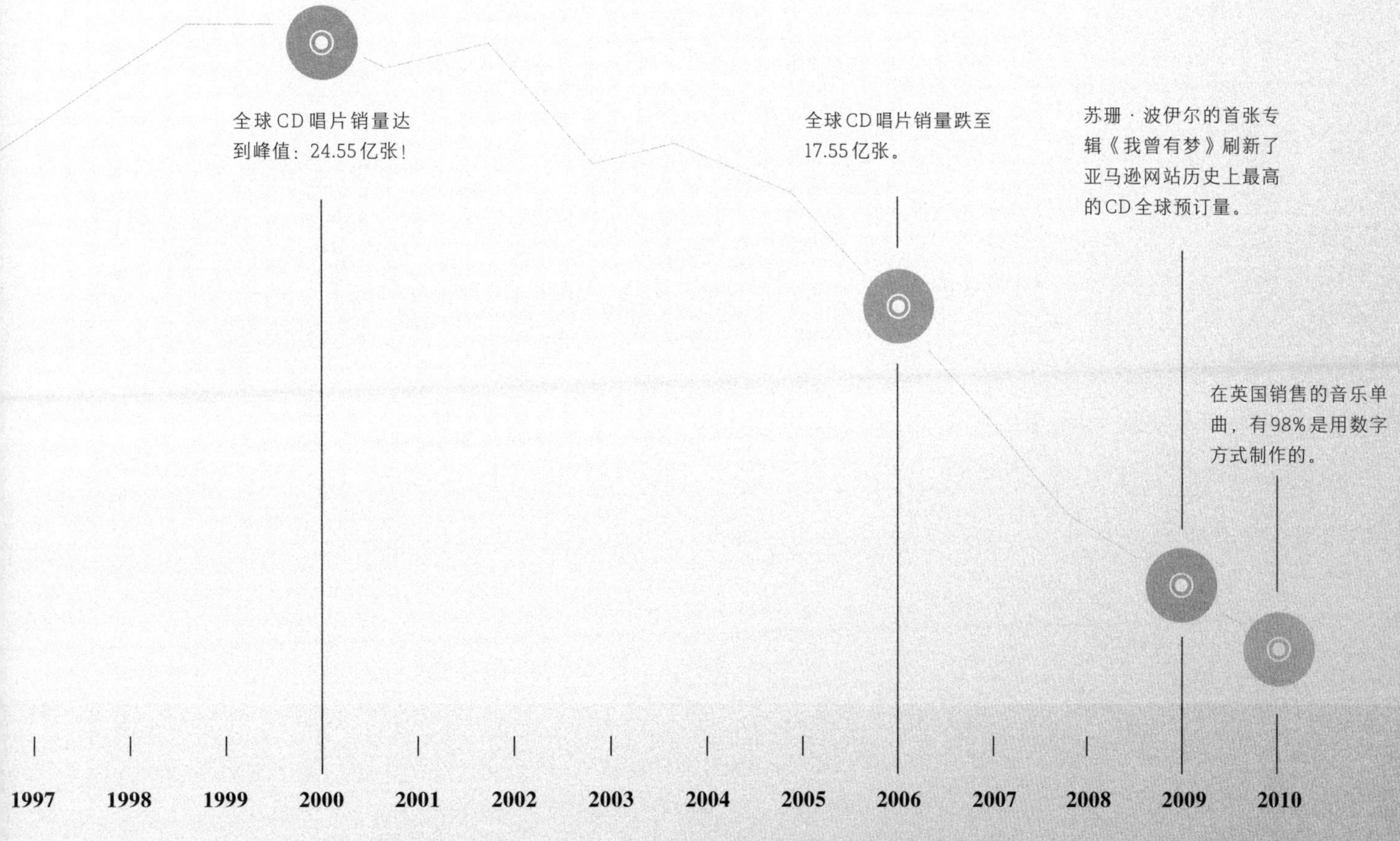

延伸阅读

CD最初的最长播放时间为60分钟。为了录制威廉·富特文格勒指挥的贝多芬《第九交响曲》，应索尼高管大贺典雄的要求，CD的播放时间被延长到74分钟。

全球CD唱片销量达到峰值：24.55亿张！

全球CD唱片销量跌至17.55亿张。

苏珊·波伊尔的首张专辑《我曾有梦》刷新了亚马逊网站历史上最高的CD全球预订量。

在英国销售的音乐单曲，有98%是用数字方式制作的。

1997 1998 1999 2000 2001 2002 2003 2004 2005 2006 2007 2008 2009 2010

8.9 DNA指纹识别（1984年）

亚历克·杰弗里斯（英国）

1984年，遗传学家亚历克·杰弗里斯在研究一项实验结果时，突然意识到可以利用DNA的变异性来进行个体鉴定。DNA是人类细胞中的遗传密码，它包含了生物发育与生命机能运作的信息。DNA化学结构中某些重复模式是独一无二的，我们可以通过比较两个DNA样本，来判断它们是来自同一个人、血亲还是毫无血缘关系的人。这种检测过程被称为DNA指纹识别。

1984年

通过与英国法医科学服务处合作，杰弗里斯开始研发DNA指纹识别技术。为了使分析数据更加准确，他将DNA指纹识别技术与计算机应用相结合。

延伸阅读

1988年，英国首次在刑事审判中采用DNA指纹识别技术，避免了司法误判。在审判中，如果没有DNA证据，主要嫌疑人理查德·巴克兰很可能会被判定强奸和谋杀两个未成年人，而真正的罪犯科林·皮奇福克则可能会逍遥法外。

1985年
世界上第一次使用DNA指纹识别技术是在英国的一起移民案件中。人们通过这项技术确定了当事人的母子关系。

1992年
德国检方利用DNA指纹识别技术对纳粹战犯约瑟夫·门格尔的肘骨进行了检测，并将其与他家人的样本进行比对，确认了他的身份。

1988年
在英国，DNA首次用在刑事案件的审判中。

1987年
杰弗里斯发明的DNA指纹识别技术已经商业化，广泛用于世界各地的刑事调查和亲子鉴定。

8.10 MP3（1996年）

卡尔海因茨·勃兰登堡研究小组（德国）

MP3是由德国人卡尔海因茨·勃兰登堡领导的一个研究小组研发的，1996年在美国获得了专利。MP3是采用数据压缩技术设计的一种音频编码格式。这种技术能剔除冗余信息，将原始记录所需的数据量减少，而音质没有明显损失。转换成MP3格式，可以将CD的数据量减少到原来的1/10～1/14。MP3格式出现后，人们可以将更多的音乐存储到硬盘里，而且音乐的下载速度也大幅提升。

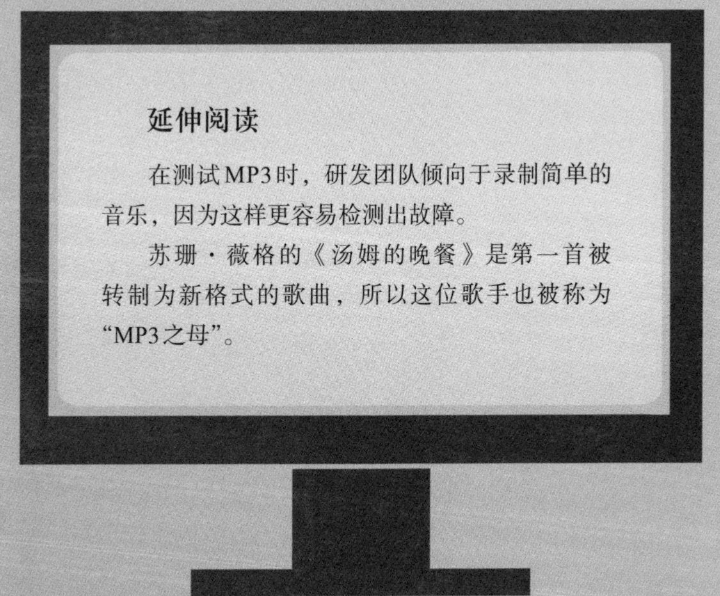

延伸阅读

在测试MP3时，研发团队倾向于录制简单的音乐，因为这样更容易检测出故障。

苏珊·薇格的《汤姆的晚餐》是第一首被转制为新格式的歌曲，所以这位歌手也被称为“MP3之母”。

MP3不同于黑胶唱片、盒式磁带和CD，它不再依赖物理媒介，从此音乐进入了数字时代。

2002年
美国唱片公司Sub Pop成为第一家正式发行MP3格式音乐的公司，此时MP3播放形式引起的盗版和非法复制问题饱受争议。

1996年
美国企业家内森·舒尔霍夫的科技公司Audio Highway推出了第一款便携式MP3播放器，名为Listen Up，限量生产了25台。

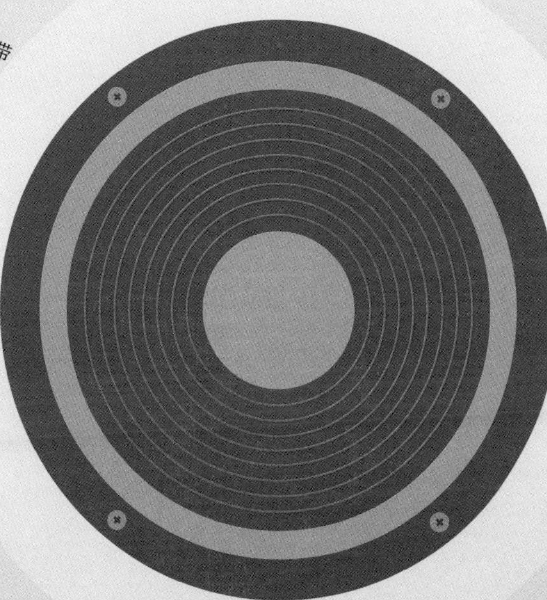

2001年
苹果公司推出首款iPod。最初，iPod和早期的数字随身听使用的都是竞争对手的编码格式。

1998年
早期的MP3播放器容量有限，直到康柏公司推出首款带硬盘的MP3播放器。

1999年
爱可视点唱机成为第一款MP3格式的多媒体播放器。

8.11 iPad（2010年）

苹果公司（美国）

平板电脑是个人计算机领域的最新发展，iPad是其中备受瞩目的产品。它的出现，表明人类的现有发明都承袭了先驱者的成果。若没有早期的微处理器、晶体管、电池，没有专用玻璃和塑料，没有电话、电报和无线电等通信系统的突破性发明，iPad就不可能存在。这本书中至少有三分之一的发明，为平板电脑的发展奠定了基础。

延伸阅读

石墨烯是一种新材料，它给电子世界带来了革命性的变化。这种材料坚固、轻便且可导电。三星公司已经用它制造了一个63.5厘米的柔性触摸屏，展示了它的应用。利用这种材料，平板电脑便可以做成信用卡大小的样子，或者可以卷起来。

2001年11月

苹果公司的数字音乐播放器iPod正式上市。尽管它还不能播放MIDI或Windows格式下的文件，但时尚而简约的设计却使它在竞争对手中独树一帜。到2011年年中，苹果公司售出了超过3.07亿部iPod，其中包括6000万部iPodTouch。

2010年4月

苹果公司携iPad进军平板电脑领域。一年后，iPad在全球售出近1500万台，占据75%的市场份额。

2007年6月

苹果公司进军智能手机市场，iPhone成为了第一个使用多点触控技术的手机。它给我们带来了一个新词：app（应用程序）。到2011年，人们已为苹果手机开发出近40万个app。

2010年

8.12 接下来呢?

随着对我们赖以生存的世界有了更全面、更科学的认识，我们对自然界的一些基本规律理解得也更为透彻。现在，科学家和发明家似乎没有什么可发现的新规律了，他们必须集中精力，以更加负责的方式运用这些规律。挪威诺贝尔物理学奖得主伊瓦尔·贾埃弗在2008年的一次演讲中说："科学定理是有限的，而潜在的发明却是无限的。"

接下来，会有什么发明呢？推动新一轮发明的需求会是什么呢？我们是会穿过"时空之门"到达度假地，还是会在虚拟现实下体验度假的乐趣？我们是会成为互联网中的一分子，还是让互联网成为历史？

对更高效的生活方式的追求，将一如既往地激励着发明家。但是，地球资源（如水和化石资源）的短缺和污染问题向我们提出了新的挑战。我们期

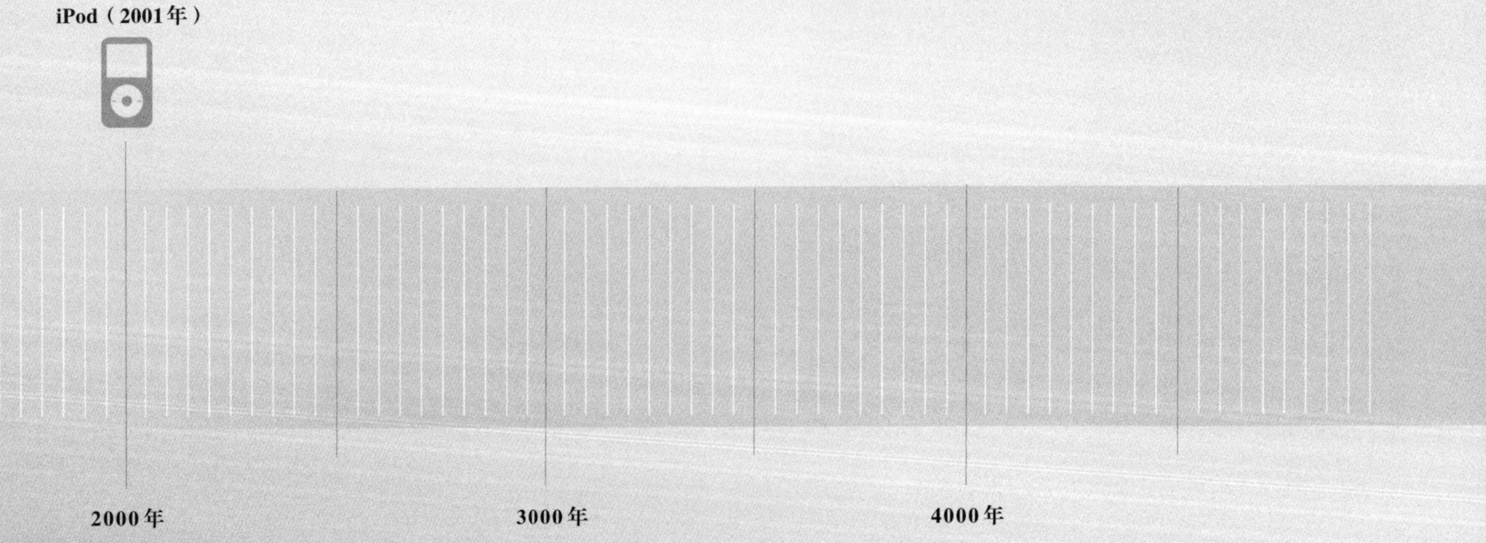

待有更多用于储存、净化和保护水资源的发明，也期待为我们日益增长的能源需求提供更清洁、可持续替代品的发明。在其他领域，发明将利用比硅更轻、更坚固的石墨烯等材料，继续朝着小型化的趋势发展。

转基因动植物已经和我们的生活密切相关，我们也开始了解更多因遗传问题导致的疾病。所以，未来的许多发明可能是由生物科学推动的。整容手术如今已司空见惯，但在道德层面上我们还是要考虑：科学技术应用在人体上的度究竟该如何把握？

古往今来，人类对沟通交流的渴望催生了许多发明。不管交流媒介怎么千变万化，交换意见和分享想法依然是我们最重要的追求。它会催生新的创意，推动新的发明在未来出现。

图书在版编目（CIP）数据

关于发明的一切 / (英) 迈克尔·希特利, (英) 科林·索尔特著；白云云译. -- 北京：北京联合出版公司, 2020.6

ISBN 978-7-5596-4036-9

Ⅰ. 关… Ⅱ. ①迈… ②科… ③白… Ⅲ. ①自然科学—创造发明—普及读物 Ⅳ. ①N19-49

中国版本图书馆CIP数据核字(2020)第037069号

Everything You Need to Know about Inventions by Michael Heatley and Colin Salter
First published in the United Kingdom in 2012 by Portico
43 Great Ormond Street, London, WC1N 3HZ
An imprint of Pavilion Books Company Ltd

关于发明的一切

著　　者：［英］迈克尔·希特利　［英］科林·索尔特
译　　者：白云云
选题策划：后浪出版公司
出版统筹：吴兴元
编辑统筹：郝明慧
责任编辑：郑晓斌　徐　樟
特约编辑：刘叶茹
营销推广：ONEBOOK
装帧制造：墨白空间·陈威伸

北京联合出版公司出版
（北京市西城区德外大街83号楼9层　100088）
后浪出版咨询（北京）有限责任公司出版发行
天津图文方嘉印刷有限公司印刷　新华书店经销
字数80千字　720毫米×1000毫米　1/12　$18\frac{1}{3}$印张
2020年6月第1版　2020年6月第1次印刷
ISBN 978-7-5596-4036-9
定价：88.00 元

后浪出版咨询(北京)有限责任公司 常年法律顾问：北京大成律师事务所
周天晖 copyright@hinabook.com